凡 · 高 作 品 —— 迈 出 第 一 步 （ 仿 米 勒 ）

希望您也能在

自然田园建设和有机、环保生活方式方面

迈出第一步

自然田园法

Natural Gardening

李晓明 李萍萍 —— 编著

小 型 化 自 然 田 园 的 设 计 营 造 方 法

田 园 植 物 有 机 栽 培 技 术

江苏大学出版社
JIANGSU UNIVERSITY PRESS
镇 江

图书在版编目(CIP)数据

自然田园法/李晓明,李萍萍编著.—镇江:江苏大学出版社,2019.4
ISBN 978-7-5684-0994-0

Ⅰ.①自… Ⅱ.①李… ②李… Ⅲ.①园艺②乡村—景观设计 Ⅳ.①S6②TU986.2

中国版本图书馆 CIP 数据核字(2019)第 063535 号

自然田园法
Ziran Tianyuan Fa

编　　著/李晓明　李萍萍
责任编辑/李菊萍
出版发行/江苏大学出版社
地　　址/江苏省镇江市梦溪园巷 30 号(邮编:212003)
电　　话/0511-84446464(传真)
网　　址/http://press.ujs.edu.cn
排　　版/镇江文苑制版印刷有限责任公司
印　　刷/句容市排印厂
开　　本/718 mm×1 000 mm　1/16
印　　张/13.75
字　　数/262 千字
版　　次/2019 年 4 月第 1 版　2019 年 4 月第 1 次印刷
书　　号/ISBN 978-7-5684-0994-0
定　　价/48.00 元

◀ **图版1** 一个食物林的植物组合。中间是李树，右下方是醋栗灌木，左下方是古铜色茴香，最下方是琉璃苣，最左面是多年生的无头甘蓝，地被植物主要是车叶草和少许珊瑚钟。
摄影：Jonathan Bates

▲**图版2** 澳大利亚悉尼北郊一个社区园林中的菜园。

图版3　道旁的农舍式花坛

图版4　2010年11月，顺着土坎（在建房挖土时堆积的）向右（东）看，可以注意到地形的缓缓坡度。观察水在景观上的流动是建设农业生态系统的重要一环。

图版5　5月，大多数植物已经播种。前面的是“四姐妹”组合，中间的是茄科组合，后面的是绿叶菜组合。

图版6　6月中旬，右边是绿叶菜组合，左边是茄科组合。

图版7　“四姐妹”组合，前景是搭在小池塘上面的黄瓜支架，这样做既节省了空间，又为池塘遮阴，以减少蒸发。

◀图版8　1月，低部池塘水满，地被植物快速生长。

图版9　一个冬季的多作物组合在进入春季时的景观。▶

① 大阪紫色芥菜：叶类蔬菜；.② 救荒野豌豆(common vetch)：具有固氮作用的爬藤类；③ 绛花三叶草：多年生的固氮植物；④ 野芝麻属：从秋到春生长的地被植物；⑤ 大蒜；⑥ 芝麻菜；⑦ 波菜；⑧ 牛膝草(hyssop)：多年生香草；⑨ 繁缕(chickweed)：常被定义为野草，从秋到春生长的地被植物；⑩ 大蒜：可食的球茎；⑪野大蒜：几乎可食的球茎；⑫ 牛至(oregano)：多年生香草，地被植物；⑬ 大白菜：食用蔬菜。此外，还有零星分布的白三叶草是多年生固氮植物及地被植物。

图版10　次年4月初，原茄科组合田块被各种三叶草和紫花苜蓿重新占领。▼

前　言

自20世纪60年代以来，全球性的资源、能源与环境问题越来越凸显，促使人类重新思考人与自然的关系，力图寻求一条社会经济可以持续发展的道路。针对以化肥、农药、机械等大量投入为代价的西方现代化常规农业（又称石油农业）带来的高能耗和环境污染，一段时间内有机农业、生物农业、生态农业、自然农法等各种替代农业纷纷产生，形成了一股思潮。经过几十年的实践，各类替代农业在节约能源、保护环境、改良土壤、提高农产品内在品质等方面都取得了较好的效果，在一定范围内得到了应用。永续农业是替代农业的一种，但是它更强调以人类活动为中心进行系统内要素的分区规划和整体设计，强调以食物林为主体的生物多样性利用，已经在100多个国家传播。2014年我们把永续农业创始人Bill Mollison的著作*Introduction To Permaculture*翻译成中文版《永续农业概论》，并由江苏大学出版社出版后，一直受到海内外华人的关注，中译本很快一售而空。我们在与有关人士的交流中获悉，他们都很渴望能够见到更详细、更实用的适合于家庭或小农场的田园营造和植物种植方面的读物，这让我们深受鼓舞，下决心开始编写本书。

国内外有关园林规划设计和园艺植物种植方面的出版物已经有不少，但园林设计大多是以城市园林绿地为主要对象，以美化和游憩为主要功能的公园式规划设计；园艺植物栽培方面，国外有一些介绍有机栽培的英文书籍，大多根据作者自己的个人经验，结合所在地的气候和生态环境下的种植体会撰写而成，而国内相关图书基本上都是介绍常规的园艺植物栽培技术。因此，尚缺乏兼具美化和可食用功能的自然田园设计，尤其是与植物种植管护技术相结合的书籍。

本书所撰写的自然田园方法遵循生态学和园艺学原理，是在作者多年学习、交流和反复实践的基础上形成的，既阐述了植物与环境之间的关系等一些基本理论，又将重点放在有关自然田园营造和管护的方法与实用技术上，系统性、综合性和实用性都较强。本书介绍的田园营造方法，主要通过有机物（而不是化学品）培肥或者土壤修复，充分利用植物之间、植物与其他生物之间的互利或竞争关系，使得在田园中花费较少的人力、物力和时间，就能培育出健康的植株，控制住病虫草害，生产出健康天然的、多样化的农产品为自己的家庭及他人服务。我们所营造的自然田园，不仅使家园成为自然环境的一部分，而且让自然环境更加多姿多彩。

书中介绍的很多经验都来自国外，这些实例的引用得到原作者的大力支持。诚然，有些适合于国外农庄的做法，在国内只有在特定的条件下才能够实现，但相信它们会对读者有所启发。

本书图文并茂，书中还采用了一些凡·高的画，以表示对这位伟大艺术家的敬仰。凡·高酷爱自然和田园，对各地的生态和植被非常敏感。他画了大量的以农民和农村为题材的画，当然在他的时代（十八世纪的下半叶），田园都是自然的，这也成为我们从事自然田园的参考坐标之一。采用他的画，还体现出科学与美学的结合，增加了本书的自然情调。

希望该书的问世能够在自然式的田园、庭院的营造及管护方面起到抛砖引玉的作用，在美丽乡村建设、特色小镇发展、城市微农业经营、家庭庭院打造、单位或居民区附属绿地规划设计等技术支持方面，乃至有机、环保生活方式倡导方面，能够发挥出哪怕是很微小的积极作用。

编著者

2018 年 6 月

目录

第一章 引言

一、田园

田是指种植具有实用价值的（主要为可食用的）植物的土地区域。

园（也称园子）是指人为规划建造的专门用来展示、收获、欣赏植物及其他自然态势（如景观、动物）的区域。

园子大多包含建筑物或与建筑物相连接，一般在房屋前面的谓之前园，在房屋后的谓之后园。这里用“田园”一词来表示田和园的结合，指在园子里种植蔬菜、水果、坚果及其他食用或医用草本等。田园等同于我国传统住家周围、主要供给自家享用的那一小片农田，具有采用手工工具、人工劳动和种植植物多样、面积较小等特点。田园不同于单纯的菜园，田园内还种植树木（包括果树）和用于美化的花卉。田园中常常有一片或多片菜园，不仅可提供食物，而且可提供舒适的休息和活动场所。

田园方法不但包括植物的种植和维护，即所谓的园艺，也包括田园的设计和营造，即所谓的造景。

老子曰：“人法地，地法天，天法道，道法自然。”这就是说人在一片土地上生活，就要顺应这片土地。土地和生长在土地上的植物（植物群落、植被）组成了自然界最重要的生态系统，它为人类的生存提供必要且丰富的环境和资源。植物通过光合作用制造有机物，为地球上所有的生命提供能量来源，因此被称为初级生产者。此外，植物还为人类提供衣物等原材料，并能调节气候，保持水土，是生态系统中最重要的生物因子；富含有机体的具有良好结构的土壤，则是生态系统中最重要的环境因子，它不仅是植物的立地之本，而且为植物提供生长所需要的水、肥、气、热，使自然界可以生生不息地运转。这个生态系统不是一成不变的，而是在漫长的演化过程中逐渐形成的，并且这个演化过程依然在继续。生态系统的自然演化总体上向着生物越来越丰富多彩、环境越来越适合人类生存的方向发展。一个区域的生态系统的发展状态，首先是由这个区域的气候，即“天”决定的，因为气候主要决定可生长的植物的类型，即形成“气候顶级群落”。其次是由当地的土壤类型，即“地”决定的，土壤的类型虽然受制于岩石及成土母质的类型，但土壤与植物相互作用形成的表层土壤也决定植物群落的演替或植被的演化，即形成“土壤顶级群落”。在石灰岩地区，表层可耕种的土壤和石灰岩中的主要成分碳酸钙并没有关系，因为岩石风化时碳酸钙被溶解后流失，而其中不溶的非碳酸盐类则沉积下来，在生物的作用下形成土壤。否则，因碳酸盐呈较强的碱性，这类土壤不宜耕作。

与此同时，随着人口的快速增长，以及工业和科学技术的迅猛发展，人类与生态系统之间作用和反作用的速度越来越快，强度越来越大。20 世纪以来，为了从土地上获得更多的产量，人类投入大量化石能源（包括化肥、农药、机械等），形成了石油农业，也称为常规农业，对环境造成了严重的负面影响，延续了千百年的传统农业（有机农业）方式则逐渐消亡。事实上，自然界能提供的资源不是无限的，即使是土地等可更新资源，它们的更新能力也是有限的，人们现在所拥有的是人类赖以生存的全部。所以，我们应该选择与自然和谐相处的生活、生产方式，正确的生存之道，包括限制消费欲望、分享公平，甚至控制人口数量。只要我们的生活、生产方式与生存环境相协调，就不至于使环境继续快速恶化下去，甚至还可能将已经受损的环境慢慢修复，使生态环境越来越适合人类生存。如建立挡土墙、种植防风林以减少土壤受到侵蚀，就是很有效的措施。总之，我们的生活方式只有适应自然，才有可能走得更远，更和谐，更幸福。

自然田园法正是顺应自然的一套田园方法，它既不同于大量依靠石油的常规农业，也不同于小农经济下的传统农业，而是运用现代科学发现的人—自然之间、植物—动物—土壤之间和谐相处的生态学原理，选用现代的植物种类和品种，借鉴千百年遗留下来的多样性种植、种植与养殖结合、物质循环利用等传统农业精华进行农业生产，尤其是园艺生产的方法探索。

二、自然农法与自然园法

“自然农法”一词于 20 世纪 30 年代首次在日本出现，是由冈田吉茂和福冈正信（图1.1）提出的概念和方法。而后他们的追随者不断将其发扬光大。韩国的赵汉珪也创造了被称为韩国自然农业的“亲环境农业”。在中国，现在也有不少人在创建中国的自然农业或农法。从这里我们可以看出，在东亚，也许“自然农法”属于某一种理论或某一个门派，尽管各国和各地的自然农法各有特点，但都有一个最基本的共性，那就是在农业生产中采用有机方法，因地制宜种植农作物及对土壤进行种养结合。

图1.1 福冈正信（1913—2008）
（“自然农法”的先驱，并毕生为之奋斗）

Horticulture 和 Gardening

英文的 Horticulture 对应的中文是“园艺学”。园艺学应该属于植物养护学科领域，这是其狭义的定义。但是从广义上来说，园艺学可以理解为从事一般的园艺乃至园林工作所需要的各项知识，也就是 Gardening。即除了植物养护外，还包括植物的配置，乃至园林设计和简单运作。这样，园艺学就变成了园艺，除了包含科学的成分外，更多的是作为一种技艺（手艺或艺术），因此园艺常成为大众的一种爱好。本书谈论的自然田园方法是一种以种植鲜食的植物为主要目的的园艺，采用的方法及艺术追求是“师法自然”。

本书关于“自然田园”的养护方法，简称自然田园法或自然园法。自然田园的英文名词是“Natural Gardening”，目前它尚不是专有名词，虽然与此有关联的出版物较多，但大多是基于个人经验的具体栽培技术，当然采用有机方法及土壤的种养结合是这类出版物的特色。

本书要介绍的自然田园法是基于作者多年的学习、交流和反复实践形成的，重点是有关自然田园营造和维护的方法与实用技术，也阐述了一些基本理论，具有一定的综合性，体现了微观与宏观的结合及理论与实践的结合。与自然农法相比，自然园法在目的、概念和方法上都与之有相同或相似之处，但对象有一些差别。农法和园法的对象差别实际上是农业（agriculture）和园艺（horticulture）的对象差别，界线有时也较为模糊。

一般谈到农法时，着重点在大田作物产品即禾谷类作物和经济作物上，强调高产高效的种植方法等；而谈到园法时，着重点除了蔬菜等园艺产品的产出外，还有园艺植物的景观功能及其他功能方面，并涉及园林空间规划、植物的布局和配置等。也就是说，农法的对象是大宗商业作物，而园法的对象是自用的或供应当地市场的新鲜蔬菜和花卉等作物。

我们权且将要描述的田园定位于一栋独立的庭院、农户的“自留地”，或村边一片被遗弃的耕地、山上荒废的林地，或从来没被利用过的河漫滩，或种植商品作物的农场中环绕住宅四周的园子，或农家乐里的田园，或学校教学用的菜地，或者社区用于提倡绿色环保生活而示范用的可食园林。

三、自然田园的特征

这里说的自然是指自然状态下的生态环境。自然田园有两层意思：一是园艺方法以自然为师，从模仿自然界运行机制入手；二是所建田园景观的结构或形态近似自然状态，或者进一步将田园视作自然的浓缩。这两层意思密切相关，均为师法自然，只是出发点有所不同。

创造田园，就是要对自然进行修正、改造和强化，为什么还要师法自然呢？因为从近代的以工业技术和方法为指导的农业和园艺实践中，人们发现了许多难以克服的问题，主要集中在环境恶化、食品安全和公众健康等方面，于是人们回过头来，重新开始探索大自然及人类农耕传统经久不衰的奥秘。下面几项非常重要的发现，可以作为启发人们重新思考农耕和园艺的指导思想：

- 自然是循环的，尤其重要的是，养分是可以循环利用的。一个生命的死亡，一片落叶或一根断枝，通过微生物的分解作用，可以滋养别的生物。

- 自然是发展的，在阳光及其他气象要素的作用下，自然界在循环中不断发展，生物圈不断发育，生物量不断增加，生物从低级向高级演化，土壤不断肥沃。

- 自然是稳定的，自然具有很强的自我调节和自我修复功能。生物的多样性，植物、动物组成的捕食食物链特性和由微生物组成的碎屑食物链特性在这方面起到重要的作用。这里面蕴含了生物之间相互合作的机制。

- 人类几千年乃至上万年的农耕和园艺实践，在工业革命之前一直都合乎自然地在进行，使得生命和文明延续至今。

那么问题来了，既然自然那么完美，为什么还要人为地去设计自然田园呢？因为虽说自然界的运行和发展机制是完美的，但是从人类生存需求的角度出发，自然界的效率不是最高的，所以自然农法和自然田园法就以这个作为切入点，运用自然的机制来提高自然的效率。如山坡上自然长出的树当然也具有挡土和防风的作用，可以减少土壤遭受流水和风的侵蚀，但是人为修建挡土墙和种植快速生长的防风林能大大提高效率。树林中的落叶也许需要一年才能腐烂成肥，但是如果人为地将它们堆积起来进行发酵腐熟，所需的时间会大大减少。

《四千年农夫》

1911 年，美国农学家 F. H. King 出版了《四千年农夫》一书，第一次向西方社会系统介绍了在中国、朝鲜和日本延续了几千年的有机或永续农业的实践，证明如果方法得当，农业活动也是可持续的。这也是我们从事和推广自然田园法的信心和动力所在。

该书的中译本已由东方出版社出版。

此外，自然环境条件，特别是地理因素，到底是如何制约生物的出现的？请稍稍观察一下山岭上、田野中或花园中的植物（或动物），看看哪一些你喜爱的植物没有生长或长势不好，哪些植物长势很好但非本地物种，便自然而然地得出了结论：自然能够告诉你哪些植物适合在这里生长，哪些不适合在这里生长，但是它无法告诉你有些其实适合在此生长的植物为什么没有出现或很少出现，因为这与人文条件相关。比如，西红柿起源于地中海周边地区，但是当地人一直认为有毒而不食用，后来它们被引种到南美，在那里长得更好并且被食用。当西红柿不但无毒而且味美的消息传回原产地后，西红柿被人们大量用在当地的烹饪中。

由此可知，人们需要在顺应自然的基础上进行田园活动主要是为了提高效率和选择合适的物种，以更好地服务于人类。

在工业社会到来之前，农耕和园艺一直都是有机的。但是随着土壤长期耕作，肥力不断下降，以及知识的刷新，大量化肥和农药等工业品应用到农耕中，土地已经远离了自然状态，园艺方法也在高于“自然水平”的基础上进行，所以顺应自然的传统方法在慢慢往偏离自然的方向发展。另外，随着人口的迁移，当一个地方获得的知识被机械地运用在另一个地方时，也会偏离“人法地，地法天”的基本道理。审视传统的做法，主要是为了发掘其背后隐含的更合乎自然的方法和技巧，在自然田园法的框架中，将它们因地制宜地灵活应用。对现代的农耕和园艺方法我们也保持这个态度。

本书要介绍的自然田园的主要特点如下：田园从“野地”逐步发展而来

（或从常规农田改造而来），充分利用自然状态下的土地和现有的植被，特别是利用植物在生长—发育—衰亡的生命周期中进行的养分循环和能量多级利用，以及植物之间、植物和动物及微生物之间有利或有害的互动，目的是在田园实践中节省人力、物力和时间，有效地生产出健康天然的食物。因为自然田园与自然接近，所需人工干预少，所以又可以叫作“懒人园艺”或者“野生园”。此外，这样的田园在运行过程中，对自然的冲击和改变小而缓慢，并且使生态系统朝着更多样、更稳定、更健康的方向发展。所以“野生园法”是自然田园法的特点。

在具体方法上，特别重视覆盖和植物依赖群。覆盖就是在植物的周围加盖一层以有机材料为主的物质，来改善和滋养土壤，减少水分蒸发，抑制野草生长及缓冲温度变化等。植物依赖群是将有互惠依存关系的植物种植在一起，形成一个相对稳定的生态体系。

在田园演化的过程中，应尽量让系统随自然规律进行演替，我们要做的是恰当地引导它们，使它们朝着最有利于人类需求的方向发展。

四、我理想的田园

理想的田园因人因地而异，但下面所列无疑对大多数人具有诱惑力。

■ 现有环境和地形的利用

我的田园不一定建在平地上，也可以在地形起伏的山坡上。我不会花费大量精力将场地过分地平整，而是充分利用它们所创造的具有多样性的微环境带来的好处，这样不同植物总是能找到最佳的生态位。对于其他现存的特点，如植被和建筑物，也采取同样的就地利用的办法。

■ 用植被来改善微气候

与地形起伏相似，植物尤其是高大的树木对于微气候也有较大的影响。因为它们能局部改变光照、温度、湿度和风速。我希望通过在田园中植树，为自己，以及动物和植物创造更加有利的微气候环境。

■ 洪涝和干旱的防护

近几十年来，气候变化无常，极端气候越来越频繁。我希望我的田园能有效地储存和利用降落在田园及流经田园的雨水。通过植物的选择和特殊栽培方法，使田园在干旱季节借助于有限的人为供水（主要在幼苗阶段）就能获得可观的收成，至少可确保大部分植物不死；而在洪涝发生时，又能快速有效地把水排出去。

■ 防风植被带的建立

我希望我的田园能有效防风，而且防风带还能起到其他的作用，如能为人、家畜或家禽提供额外的食物，或提供其他有用产品如木材，或为土壤提供覆盖材料。例如，在番茄植株长高易被风吹倒前，在它周围种植其他作物，如已经长高的向日葵、玉米或洋姜来为之挡风。

■ 病虫害的控制

我希望我的田园对病虫害有一定程度的抵抗力和自我控制能力，无需用杀虫剂和其他化学用品。通过多样性种植，即便某一种或几种作物因病虫害而受灾，也不会扩展到其他地方，不会影响其他作物的收成。

■ 野草的控制

我希望我的田园里野草能够被利用，做到以草压草。如在果园里长有茂密的三叶草时，其他杂草就会被抑制，而三叶草可以用作肥料和饲料。

■ 空间的高效利用

我的田园在空间上利用率要很高，不仅要有效利用水平空间，垂直空间也要充分利用。如让藤爬上树，让瓜果长在棚架或房顶上。

■ 时间的有效利用

我希望我的田园能充分利用生长季的时间，种植作物、绿肥或者休闲都要有计划。为了最大限度地利用自然提供的有限的生长时间，可以在温室育苗，这样当生长季节来临，场地待用时，温室里已经育成的苗可以直接移栽。

■ 养分就地循环

我希望不用去购买化肥甚至有机肥。当然，在刚开始建园、开垦或增加新的园床时，可以考虑适当使用一些。之后的阶段，将植物残余物等堆肥后还田，使养分在系统内循环，让土壤越来越肥沃，其他方面的质量指标（如保水性和透水性等物理性状）也越来越好。

■ 植物的自我繁殖和自然授粉

在开始种植几年后，我希望每年地里能够自然长出尽可能多的蔬菜种类，而无需我去翻耕土地、施肥、播种和移栽。我寄希望于自然的力量进行授粉，而无须担忧蔬菜瓜果因为交叉授粉不足而影响产量。

■ 较少的管理时间

我希望我的田园能够自我维护和完善。日常虽不可避免地要走一些路去照料田园，但是我希望走的路越少越好。如果我有一亩地大小的以蔬菜为主的田园，必不可少的管理时间最好每周不超过半天，当然不包括采摘等消遣性的劳动。我要将主要精力放在田园的设计上，当然在生态演化的某些重要的时刻，如植物刚开始生长或得病，或即将被野草淹没时，我会花时间来管理，从而使它一直朝着我理想的方向发展。

■ 尽可能少的经费投入

对于田园的建立及日常维护，我的经费投入预算都很少。除了刚开始时必要的工作，一般不去请专门的施工人员或采用动力机械，家人、亲朋和邻居是我的主要帮手。

■ 多样性的产品

我希望我的田园能够提供尽可能多的产品种类和数量，以满足家人或亲戚朋友的需求，剩余的可考虑去当地的市场上销售。

■ 较长的产品收获季节

蔬菜瓜果的新鲜性很重要，而这类鲜食产物一般能储藏的时间很有限，所以我希望我的田园中每一种作物都有较长的收获季节。

■ 美观且与环境协调

我的田园就在我家周围，所以我要让它在生态学、美学方面有所突破，不但要成为自然环境的一部分，而且要为自然增姿添彩，既有 20 世纪以前凡·高笔下乡村生活的恬静（图 1.2），又有 21 世纪乡村旅游中多样化种植的繁荣。

图 1.2　丰收的田园（凡·高作品）

五、我的现实态度

态度是否现实决定了理想能否实现。当然，我知道有取必有舍，因此我不是很在意农作物的单季产量和外形。投入大量化肥和人工充分浇水虽会让瓜大菜肥，喷洒杀虫剂虽会让瓜果表面光洁无瑕，但是付出的代价是沉重的，包括作物营养流失、食物的健康隐患、生产成本和环境代价。

因为我只是在需要时才去挑选采摘各种已经成熟的作物，而田园也就近在眼前，所以收获农作物的效率对我而言意义不大。相反，采摘于我是一种消遣，是对自己劳动的肯定和对自然的赞赏。我认为吃本地的、当季的食物是适应天时地利的，所以我对种植非当季、不适合当地自然条件的农作物兴趣不大。

我希望自己的田园是美的、自然的，具有乡土气息的，种花种草是为了增添这种乡土气息，而不是去掩盖。所以，我不要求花卉树木种得多么整齐划一，树篱修建得多么笔直，因为那样“不自然”。

我也不期望在很短的时间内我的田园就能达到最佳状态，因为那势必要引入较多的植物，从而大大增加费用。缓慢成长的田园能更好地与环境融为一体，会有新的动物群落户到我新建的田园。

我也不是一定要种植当地的乡土品种，那些外来的，但在当地归化已久的植物我也不会排斥。当然在引入全新的外来品种时，我还是很小心的，主要担心它们会有过强的入侵特性，从而失去控制。

自然田园适合那些对此有充分了解并充满热忱的人（图 1.3），如果你是那样的人，那么上面描绘出的理想田园就不是梦想。本书即将介绍的“自然田园法”会帮你实现这个梦想。

图 1.3　黄昏时的播种者（凡·高作品）

第二章 植物生态体系

植物生长离不开环境，有若干不同的学科从不同的角度研究了植物与其生长环境的关系。生态学、生物学和植物学是基础学科，作物栽培学侧重于较大规模的粮、棉、油等大宗农作物的栽培和管理，园艺学则侧重于蔬菜、花卉、果树等植物的培养和管护。这些学科已经积累了大量的知识，可以用来指导田园环境中植物的种植和管护。但是具体到自然田园，仍有很多问题需要探索。例如，在不施用化肥的情况下如何提高土壤肥力，在不施用化学农药的情况下如何控制病虫害，在不施用化学除草剂的情况下如何防止杂草滋生蔓延。

本章在简单介绍植物生长与环境之间关系的一般规律的前提下，对如何使田园环境与植物生长的需求相适应、如何进行田园植物的自然管护等进行了重点探讨。

一、植物生长与光温环境的关系

影响植物生长发育的环境因子主要有气象因子和土壤因子两大类。气象因子包括光照、温度、湿度、降雨量和降雨强度、风速和风向等，其中最重要的是温度和光照两大因子。

（一）植物生长与温度的关系

温度对植物的重要性在于植物的生理活动、生化反应都必须在一定的温度条件下才能进行。在适宜的范围内，随着温度的升高，生理生化反应加快，植物的生长发育加速。当温度超出植物生长所需的范围时，植物生长受阻，或停止发育乃至死亡。一种作物在某地某个季节能否种植，首先决定于温度条件。

根据蔬菜作物对温度反应的差异，可简单分为两大类：

● 耐寒和半耐寒（喜凉）蔬菜：也可以叫作冷季蔬菜，这些蔬菜生长适温为15～20 ℃，能够耐0 ℃或以下的低温，在温带和亚热带的冬季能够生长。菠菜、芫荽、大葱、洋葱、大蒜、大白菜、小白菜、萝卜、胡萝卜、包菜、豌豆和蚕豆等都属于这一类，有的多年生宿根蔬菜有韭菜、黄花菜、石刁柏等，能耐-10 ℃的低温。

● 喜温和耐热蔬菜：也可以叫作热季蔬菜，这些蔬菜生长适温为20～30 ℃，甚至更高，不耐霜冻，15 ℃以下易引起落花。喜温蔬菜有黄瓜、番茄、辣椒、菜豆和茄子等，而耐热蔬菜如冬瓜、南瓜、西瓜、豇豆、刀豆、苋菜和空心菜等在35～40 ℃仍能正常生长。在春、夏、秋主要生长季节里生长的蔬菜都属于这一类。

虽然不同蔬菜适宜的生长温度和耐低温能力不同，但在田园里，一般将日平均温度10 ℃以上归为生长季节。这样，一些在热带、亚热带热量条件充裕的地区可以经年生长的蔬菜，在温带只能种两茬（季），而在寒带可能只能种一茬（季）。

植物从播种、出苗到开花，再到成熟，需要一定的积温（日均温的累加），一般喜温耐热的蔬菜比喜凉耐寒的蔬菜所需的积温高。高温对于蔬菜的生长不一定都是有利的，因为温度越高，开花结果就越早。对于绿叶类植物（绿叶蔬菜）和块根块茎植物来说，植物过早开花意味着植物生长发育过早结束，往往产量不如在较适宜温度下生长期较长时高。

昼夜温差（变温）对植物的影响主要表现在食味上。一些蔬菜，主要是耐寒的越冬蔬菜，特别是块根块茎植物，经寒冷或霜冻后味道更加鲜美。如果这一年的气候不够冷，或者天气已经转暖但是块根苗还没有种下去，可以先将它们冷藏在冰箱的冰冻室里几周，然后再种。昼夜温差，对于一些植物的成长和品质也会有影响。如瓜果在光照充足、昼夜温差大的地方糖分更高、味道更甜。

可利用暖房（温室）解决低温问题。在自然田园中，可以先在暖房中育苗，让苗成长到一定大小再移栽。这不仅是为了有效利用植物的生长期、提高土地利用率，而且一般在暖房中虫害较易控制，苗的存活率高；且幼苗长得较大后再种到地里，就会有较强的抗虫能力，不至于被虫一口咬断植株。如果觉得暖房建设成本太高，可以考虑温床或“热架”（图2.1a）。温床相当于为育苗床建的暖房，用玻璃或透明薄膜密封起来，传统上用马粪作为热源，马粪不但来源广，而且因含有较高比例（约30%）未消化的草可迅速发热，也可将牛粪与一定比例的干草混合堆制作为热源。

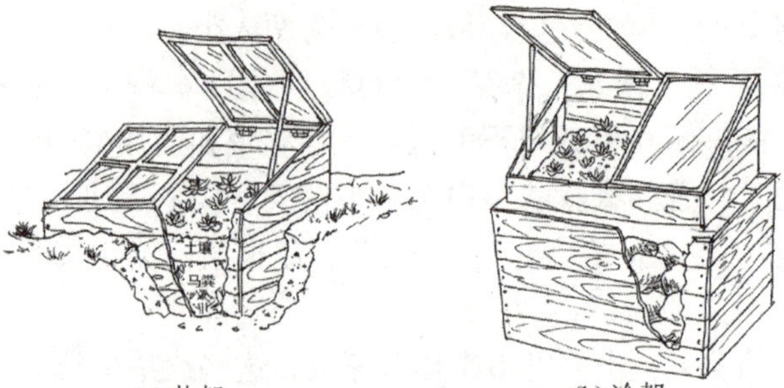

(a) 热架　　(b) 冷架

图 2.1　热架和冷架

不过要特别注意，在幼苗从暖房或室内移出种到地里之前，需要先露天放置几天，在这期间少浇水，让它们尽快适应环境。这个过程叫作硬化或练苗。如果室内室外温差很大，这个过程最好分两步走：先将它们搬到室内的冷架（不垫热源的育苗床）上，几天后再移到室外。

冷架是用玻璃框起来的架子（图 2.1b），一般可以移动。最理想的是将它放在一个装有高热容量物质（如岩石、砖块等）的箱子上面，这样高热容量物质白天吸收到的太阳能在夜晚缓慢释放出来，为植物提供热量。

与暖季一年生蔬菜有“热”要求相反，有的植物有一定的“冷”要求。许多越年生蔬菜需要在苗期经过一定的低温阶段或低温处理，即“春化作用”才会开花结实，如白菜类、根菜类、鳞茎类及一些绿叶蔬菜。这些蔬菜通过春化的方式有两类：一类是以萌动的种子通过春化，如白菜、芥菜、萝卜、菠菜和莴苣等，这类蔬菜只要种子吸收了水分，开始萌发，即可以进入春化阶段；另一类是以绿体植物即幼苗通过春化，如甘蓝、洋葱、大蒜和芹菜等，这类蔬菜必须长成一定大小的植株才

温床的建造

在排水性能良好的土地上，挖一个坑，约一个种植床大小（如 1 米宽，2 米长），深度为 50 ~ 60 厘米。在坑周围垫上一圈隔热层，隔热材料可以用木板、泡沫箱，或直接用马粪。将马粪（越新鲜越好）填入坑中约 30 厘米厚，然后在马粪上覆盖约 10 厘米厚的土壤，用以育苗。

顶部用玻璃或塑料膜密封起来。温床必须高于地表，遇雨天可让雨水顺势流出温床。

使用时，如果夜晚寒冷，需要在温床上面加一床“被子”（可以利用干草或旧地毯等）。

会对低温有春化反应。对于多年生植物，包括树木，除了生长期外就是休眠期。它们在休眠期间需要经历一定时间的冰冻期，也即温度低于所谓的“冰冻”（<7 ℃）。植物所需冰冻期的理想时间段即低温量不尽相同。如柿子和无花果为50 ~ 500 小时，樱桃、欧洲梨、中国李等为 600 ~ 1600 小时，而苹果为 800 ~ 1800 小时（图 2. 2）。

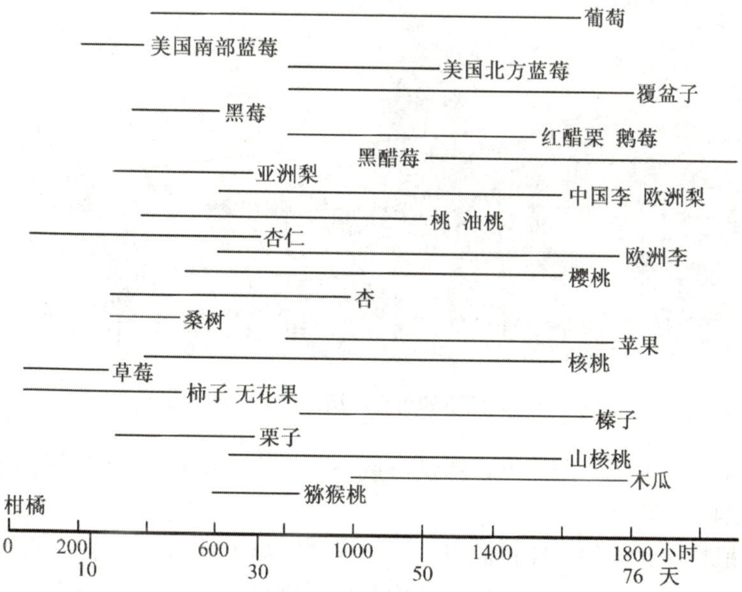

图 2. 2　一些果树植物需要的低温时间

从自然田园的角度出发，一般来说，植物对“冷”的要求有时甚至比对“热”的要求还要高。对于“热”的要求，只是界定了植物生长季节的长短（即使在寒带也总有几个月能满足这个要求）；而对于“冷”的要求，通常决定了植物适不适合在这里生长或者有没有收成。

图 2. 2 所示是一些果树对冰冻期的需求。需要注意的是，这是一个理想区间，譬如说柑橘需要的冰冻期时间为零，这只是说明柑橘的生长结果不需要冰冻期，而不是说一旦有冰冻天气，柑橘就一定不会有收成。当然长时间的低温会造成冻害，进而影响柑橘结果。

（二）植物生长与光照的关系

光照包含直射的阳光和散射的日光。光照与温度一样，都是植物生长必不可少的生态因子。光照一方面影响植物个体的成长，另一方面可能影响植物的开花和结籽。光对植物生长的影响表现在光照强度、日照长度和光质等方面(图2.3)。

图2.3 太阳下的房屋和田野（凡·高作品）

万物生长靠太阳，阳光不仅提供热量，而且为植物的光合作用提供能源。

1. 光强

光是植物光合作用的能量源泉，光照强度影响植物的光合作用速率。根据对光强要求的不同，植物可分为喜光植物和耐阴植物。一年生喜温植物由于生命周期短、生长快，大多喜较强的阳光。大多数蔬菜瓜果喜欢无遮挡的阳光，在生长期间最好每天有不少于4小时的光照。只有某些以茎为食的蔬菜及绿叶蔬菜如莴苣、甘蓝等，光饱和点低，在较弱的光强下比强光下生长得好。另外，适合室内种植的兰花、文竹等观叶园艺植物都比较耐阴。光强与气象条件（云、湿度等)、纬度及大气中臭氧层的厚度等有关。一个地区的光照强度会影响植物的种植密度。光照强的地方如澳大利亚，相比于云雾多、光照强度弱的英国，植物可以种得更密，这一点在参考异地种植经验时要特别注意。由于夏季光照过强会导致温度过高，植物蒸腾作用过于强烈而失水过多，因此很多植物在夏天高光强下需要部分遮阴，特别是在幼苗阶段。

2. 日照长度

日照长度变化对植物开花具有重要的生态作用，有些植物的开花（实际上是花芽分化）时间对光照时间的长度很敏感。或者更确切地说，它们对是否真正获得一定长度的“黑暗时间”很敏感，若日照条件得不到满足，就只能停留在营养生长阶段，这就是“光周期”现象。根据植物对日照长度需求的不同，可将植物分为三类：第一类是长日照植物，即只有当日照长度超过临界值，或者说暗期短于临界值时，才能开花结实的植物；第二类是短日照植物，即只有当日照长度短于临界值时，才能开花结实的植物；第三类是中性植物，即开花期受日照长短影响小，只要其他条件合适，在不同日照长度下都能开花的植物。

在长日照季节转变为短日照季节开花的是短日照植物。一般秋季开花的植物都是短日照植物，如豇豆、扁豆、苋菜、茼蒿、菊花等园艺植物，晚稻、秋大豆、秋玉米、棉花、麻、牧草等大田作物也都是短日照植物。对于这类植物可以通过补光的方法，让它们延迟开花，或者用遮光的方法让它们提前开花。当然这样处理后，植物没有自然生长时强壮。

相反，在短日照季节较变为长日照季节开花的是长日照植物。它们大都是耐寒的越年生植物，在春夏之交开花，如菠菜、油菜、白菜、甘蓝、萝卜、生菜、牛蒡、蚕豆、风仙花、除虫菊等园艺植物，及甜菜、大小麦等大田作物都是长日照植物。长日照植物通常在通过低温春化作用后，才能进入“光周期”感应阶段，在日照长度越来越长时开花。当然，不同植物对长日照的需求也不同，如冬麦需要日照长度达到 12 小时才开花，而菠菜和燕麦在日照长度达到 9 小时就能开花。这类植物如果用人工方法延长日照时间，通常可促使它们提前开花。

日照长度和纬度有关系。在夏秋季，在纬度相对较低的地方（如中国的南方）日长较短，所以短日照植物菊花的开花时间比高纬度的北方早。

对日长不敏感的中性植物，一般由温度或撷取的总热量决定何时开花。这类植物如黄瓜、西红柿、四季豆等，在温室中可四季栽培。此外，越来越多的新品种被培育出来，它们对日照长度的依赖越来越低且适应性越来越强。所以在种植时，也要与时俱进。

光质即光的波长在植物的形态、品质及色素形成等方面有不同的作用。如强光下的紫外线有利于维生素 C 的合成，因此玻璃温室中栽培的番茄、黄瓜等的果实中维生素的含量往往低于露地栽培时。

二、植物生长与土壤环境的关系

土壤是陆地植物的立地之本，土壤肥力是植物生长过程中除了光温以外最重要的环境条件。土壤肥力是指土壤中的水、肥、气、热条件，它受到地质、结构等物理性状及有机质、矿质养分、酸碱度等化学性状的影响，不同地区的气候条件和成土母质都会影响土壤理化性状，而人类的耕种活动对于土壤肥力的影响更大。

（一）植物生长与土壤及种植介质的关系

1. 植物生长与土壤的质地、结构和酸碱度的关系

■ 植物生长与土壤质地

土壤是岩石经过长期的物理风化、化学风化、生物风化及植被发育形成的。自然在其演化进程中，随着植物的生长，特别是树木的生长，土壤会变得越来越肥沃，土壤结构越来越好（图 2.4）。这是自然田园法的出发点，也是我们强调向自然学习、与自然合作的主要原因之一。

图 2.4　前景为树的风景（凡·高作品）

注：树是生态体统中最主要的成员，树使土壤变得肥沃、疏松。

田园里的土壤可能是地下深处的岩石经风化后就地或就近形成的，也可能是从外地形成后被流水、风或人工搬运到那里的。在第一种情况下，从土壤表面到地下的母岩会有一个连续的变化序列，叫作土壤剖面。在生态发育良好，地理条件稳定的地方，这个坡面一般厚十几厘米到几米，且自下而上颗粒变细，有机物增加，微生物和地下生物活跃，更适合植物生长（图 2.5）。

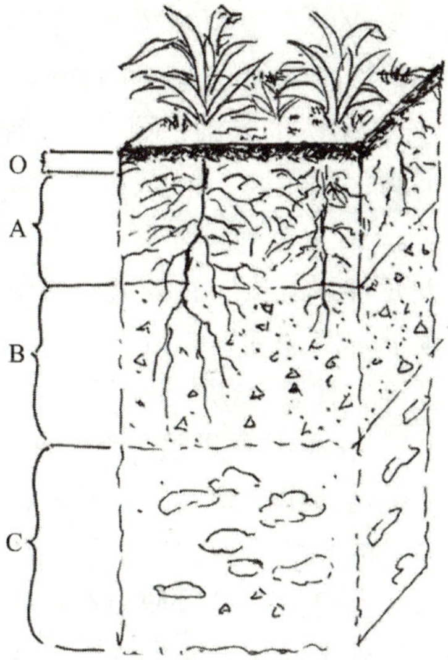

O—富有机物层；A—表层、淋漓层；B—亚土层、淀积层；C—风化母层

图 2.5　土壤的分层结构（剖面）

土壤由固相、液相和气相三相结合组成，其中固相颗粒是组成土壤的物质基础，固相中的生物、微生物、细菌、真菌、有机物（以生物残骸为主）使得土壤成为更适合植物生长的载体（图 2.6）。

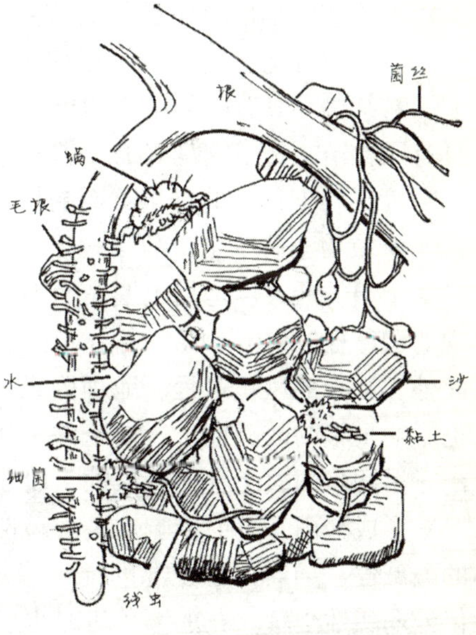

图 2.6　土壤的微观结构

土壤质地是指土壤固相中不同大小颗粒的百分比组成。砂土以粗砂和细砂为主，粉砂和黏粒占比小于 10%，因此黏性小，通透性好，蓄水保肥能力差，适宜种植花生、土豆等。黏土类土壤中粉砂和黏粒占比大于 60%，孔隙小、少，通透性差，适宜种植湿生和水生植物。壤土类介于砂土和黏土之间，质地适中，是比较理想的田园土壤。

土壤的质地受成土母质的影响。母岩在一定程度上决定或影响土壤的类型，土壤类型又主导土壤的成分和结构。譬如，母岩是砂岩，形成的土壤颗粒较大，以砂土为主，透水性好（意味着施下去的肥也容易流失），肥力低，这时加入有机物增加土壤的持水能力是有效的手段。

若土壤的母岩是泥质岩类，形成的土壤颗粒较细，以黏土为主，保水保肥性好，但水分难以到达植物的根部，这时增加土壤透水性和防止土壤积水是需要关注的重点问题。火山岩形成的土壤颗粒也较细，原来的矿物经化学风化变成黏土矿物，同时由于岩石中有丰富的化学元素，包括微量金属元素，因而形成的土壤比较肥沃，非常适合种植。

● 砂土改良的方法主要是加入有机物，如堆肥和腐熟的厩肥。近来也有不少人尝试将生物碳堆放在土壤下一定深度处作为改良剂。生物碳是一种经过细心烧制的碳，它是将木材、秸秆等农林废弃物在低氧环境中高温热裂解后生成的固态产物，植物残茬中的“杂质”在高温下迅速烧毁，而碳元素固定下来。这样做还能防止这些生物碳被正常燃烧而排放到大气中成为温室气体。生物碳具有很强的表面活性，故而能吸附大量的水和养分。

● 黏土改良的方法是加入石膏。石膏可使原本密集堆积的细小黏土颗粒聚集成团，团粒之间产生空隙。将砂土和黏土人为机械地混合在一起，也可以起到一定的作用，但可能混合物中产生人为的界面，影响水的流通性。

■ 植物生长与土壤结构

土壤结构是指固相颗粒的排列方式、孔隙数量和大小及团聚体的数量和大小。腐殖质可把土壤颗粒团聚成不同大小的粒状结构（0.25 ~ 10 毫米），即形成团粒结构。具有团粒结构的土壤中水分和空气比较协调，植物生长较好，因此具有团粒结构是土壤良好的标志。这种结构是各种因素（包括生物、微生物和小动物等）长期作用的结果，而翻耕、压实等人为因素会破坏这种结构。

■ 植物生长与土壤的酸碱性

土壤的酸碱性是指土壤表面水分的酸碱性，或者当少量水和土壤接触后所呈现的酸碱性，以 pH 值来表示。土壤的固有酸碱性在一定程度上受母岩的制约。此外，岩石的风化过程、地理因素、植被发育（根的分泌物、落叶及遗骸）等也影响土壤的酸碱性。气候条件尤其是降雨量对土壤酸碱度影响较大，如中国的南方湿润多雨，土壤多呈酸性，而北方干旱少雨，土壤多呈碱性。区域内工业生产常形成酸雨，进而影响土壤酸碱性。当地自然发育的植被的种类可以指示土壤的酸碱性，如蕨类占主导的地区指示碱性土壤环境，而松树（特别是白松）则偏爱弱酸性土壤。花的颜色有时也对土壤的酸碱性比较敏感，如同一品种的绣球花，红色指示碱性，蓝色指示酸性。

对于纯水，pH 为 7 时是中性，但在田园生态系统里，考虑到实际雨水略微偏酸的特点，土壤的 pH 中性值应在 6.5 左右。一般情况下，在 pH 值为 6 ~ 7 的中性至微酸性条件下，植物生长良好，养分有效性高。蔬菜类作物对土壤 pH 值的要求大多为5.5～6.5。随着植物的成长，腐殖酸产生，土壤逐渐呈酸性。但是如果土壤通气良好，且微生物活跃，这个过程会缓慢得多。如果在土壤表面和覆盖物之间加一层物质如报纸等，则会妨碍土壤的通气，使土壤加速向酸性发展。农业实践中会定时向土壤中加石灰或白云石，这不仅能调节土壤的酸碱性，而且对土壤的杀菌防病有益处。白云石的效果更好一些，不但持续时间长，而且含有养分元素Mg。草木灰也可以用来增加土壤的碱性。对于碱性较强的土壤，则可以加入硫黄。土壤中的有机物对土壤的酸碱性起调节作用，并有较强的缓冲作用使之保持稳定。

耕种活动对于土壤的理化性质影响较大。常规农业的作业方法对土壤过分索取（如在土壤上连年多茬种植，长期只施化肥不施有机肥），使土壤得不到滋养或休养生息，大机械的压实不仅毁坏土壤的团粒结构，同时也影响地下小生物及微生物的活动环境。恢复土壤的基本方法：让土壤休养生息，让野草等生长以增加土壤的生物量和微生物量；为土壤松土，如采用深松铲或者一种称为凿子犁的工具为土壤“梳头”，但不将土层翻过来，让空气和水能渗入；种植绿肥植物和固氮植物等养地作物；进行有机物覆盖。

如果田园里的地下水位较浅，要防止它继续变浅以免直达地表造成土壤的次生盐碱化。大型树木可起到防止地下水位变浅的作用，故不可以任意砍伐树木。

2. 植物生长与种植介质的关系

在庭院或室内的园艺活动中，各种各样人造的种植介质（又称栽培基质）越来越普及。对于栽培基质，有物理性状和化学性状两个方面的要求。在物理性状方面，要求栽培基质粒径、容重和孔隙度等指标适中，以协调通气、透水和持水之间的关系。在化学性状方面，要求栽培基质呈弱酸性至中性，不含有毒物质，不含对植物有害的特殊气味，对养分含量没有特殊要求。

栽培基质可以分为有机基质和无机基质两大类。无机基质主要有岩棉（许多地方禁止使用）、珍珠岩、蛭石、砂、砾石和煤渣等；有机基质主要是泥炭（产量有限不主张使用）、碳化稻壳及各种植物废弃物的发酵物。与土壤不同，这种介质除了天然的泥炭（草炭）外，很多都是工业的产品。栽培基质的原材料和制法各异，但均以处理（类似经过高温堆肥和消毒）过的植物材料为主体，也可加入一定比例的蛭石、珍珠岩、煤渣及沙子等无机材料。当然由于经过工业处理，介质中几乎没有微生物。

用于制作栽培基质的原材料主要是木质素及纤维素含量较高的植物源废弃物，包括作物秸秆、枯枝落叶及农林产品加工后的剩余物，具体有小麦秆、玉米秆、玉米芯、稻壳、稻糠、花生壳、棉花秸秆、棉籽壳、甘蔗渣、向日葵壳、醋糟、食用菌渣、中药渣、树枝、树叶、树皮、巴旦杏壳、锯木屑、椰糠和芦苇末等。由于不同废弃物的物理和化学性状差异较大，所以发酵腐熟所需要的时间也不同。在规模化基质生产中，重要的是创造条件加快物料发酵和腐熟分解的速度：一是通过添加辅料物质调节 pH 值、C/N 值等，为微生物的繁殖生长提供适宜的营养条件，同时促进发酵物养分平衡；二是引入外源微生物乃至土壤原生动物（蚯蚓）。

不同原料制作的基质的肥力、透水性和持水性，以及耐久性的差别较大，有的对水有排斥作用。用棕榈树的皮制作的类似泥炭的基质保水性能好，因而非常适合育苗（可加一些砂子增加空隙）或作为土壤改良剂；用树皮制作的基质因透水性、稳定性好而适合盆栽；用回收的下水道淤泥等制作的基质养分多，但重金属可能超标，适用于观赏性的花木栽培；用商业蘑菇农场的食用菌下脚料为原料制作的基质，由于有些食用菌（如草菇）在栽培过程中需加入石灰等原料，碱性很大，所以作为栽培基质需要添加一些酸性的物料（如醋糟），或者用于种植喜碱性的植物；菇渣中所含养分比泥炭、树皮等高，有时也被添加到菜园中作为有机肥料。目前，国际上应用较多的商品性人工种植介质为椰子壳纤维原料发酵而成的椰糠基质。

在盆栽中大量采用栽培基质的原因除了“干净”外，热膨胀也是考虑的重要因素。现在大部分花盆是塑料的，它们和自然土的热膨胀系数不同。如果采用自然土，冬天土壤和花盆之间会产生空隙，而栽培基质由于比较松散，就没有这个问题。需要提醒的是，大部分基质会随着时间的延长因分解、结块等原因，导致透水和保水等性能变差。除了泥炭和椰糠等性质较为稳定的基质外，大多数有机基质的矿化率较高，使用过程中每年要添加新的基质。

（二）植物生长与养分的关系

除了通过叶片吸收阳光和空气中的碳、氢、氧元素之外，植物生长还需要通过根系吸收土壤中的各种矿物质作为养分，这一点毋庸置疑。但是对于植物具体需要什么养分，它们是怎样获取的，怎样施肥才是正确的，以及养分如何对植物的营养价值和口感产生影响等，人们的认识仍然不足。

植物生长必需的元素分为大量元素和微量元素。传统上认定的大量元素有碳、氢、氧、氮、磷、钾、硫、镁、钙；微量元素有铁、锰、锌、铜、硼、钼、氯（最新的植物生理学中把硅新增为大量元素，把钠和镍新增为微量元素）。在这些必需元素中，碳、氢、氧可以从空气中获取，部分大量元素和微量元素土壤可以提供，但植物对氮、磷、钾元素的需求量大，需要从外部补充，因此氮、磷、钾被认为是植物最需要的三种主要养分元素。自此，大部分化肥以无机盐的形式集中提供这三种元素，其比例称为N∶P∶K，这无疑具有重大意义。

当然，土壤也可能会因为缺少其他一些元素而影响植物生长。如当植物缺少铁、镁、锰时，叶片会失绿，正常的光合作用将受到影响；缺少钼时，某些绿菜的叶片会变形，蚕豆施钼肥可以增产，并且有报道称植物中维生素的含量也会受到钼的影响（有一种推测是植物中进行的生成维生素的固氮作用由钼催化）。所以如果有条件，在土壤中直接或间接加入（加入堆肥中，有助于将这些元素固定在有机物中）一些岩粉能补充金属元素，其中又以深色火山岩的岩粉最好。

1. 养分在自然体系中的循环

如果将这些养分尽量就地循环，不带出系统，就不太需要从系统外输入养分。养分主要储存在土壤“库”和植物“库”中。一般在热带地区，植物茂盛而土层相对较薄，养分大多储存在植物中；而在温带地区，土壤中储存着更多的养分。因此要尽量防止土壤因风蚀、水蚀及随植物的拔除而流失，最重要的是将植物残余、野草等就地通过覆盖、堆肥、沤肥等返回系统，这样绝大部分的养分就不会流失了。

其他养分可能流失的途径是通过人和动物的排泄物流失或从土壤深部流失。人和动物的小便稀释后放置几天就可以比较安全地使用，但不宜立即使用，因为新鲜的尿液中有氨气，会烧根。人和猪的粪便有可能携带菌类（如大肠杆菌）从而污染植物，所以不宜用于鲜食的蔬菜作物，但可以埋在树下或用于其他作物。其它动物，特别是食草类动物的粪便可以安全使用，不过最好也放置一段时间，或放到堆肥、沤肥中。马粪中的草籽由于没有被完全消化而继续存活，会生根发芽，所以要放置很长一段时间，或经过堆肥腐熟后才能使用。

要减少养分从土壤深部流失，可以利用深根植物（如乔木或灌木）来获取流失到深部的养分；或利用草本植物（如紫草、蒲公英等）将养分富集起来，然后将这些植物的枝叶用于覆盖或堆肥，返回土壤。“富集”一词表明，它们体内这些养分的含量要比土壤中的高得多，所以它们被称为动态养分积累物，它们本身也可以用作肥料。最近开始流行的另一种方法是在土壤深部埋一层“生物炭”截留

动态养分积累物

蒲公英（Na，Si，Mg，Ca，K，P，Fe，Cu）
紫　草（Si，N，Mg，Ca，K，Fe）
荨　麻（Na，S，N，Ca，K，Fe，Cu）
春黄菊（Ca，K）
三叶草（N，P）

下渗的养分，不过这只适用于小地块，而且埋藏深度十分关键，埋得太浅会和植物的根争夺养分（特别在初期），埋得太深会使截下的养分无法被植物利用。此外，炭层是否也会阻挡植物向下扎根需要进一步观察，因为根据《本草纲目》记载，炭能有效阻挡树根、竹根的穿透。如果园床是抬升的，土质是砂土，在建造园床时，尽量在底部加一层黏土来持水保肥。

对于植物需要的氮、磷、钾元素，氮可以通过某些生物的固氮作用将大气中惰性的氮气分子转变为能被植物利用的氮肥。这种固氮作用主要通过大部分豆科植物根部的根瘤菌来完成，故将这类植物称为固氮植物。这些固氮植物根部聚集的根瘤菌微生物，从植物的根部获取植物通过光合作用生成的碳水化合物，即糖分，回报以植物所需的氮及其他矿物质，可谓互惠。同一种固氮植物根部的根瘤菌的多寡会影响它们以后的固氮能力，因此将固氮植物的种子或种苗用对应的根瘤菌进行接种，可以起到有效的作用。这样，通过合适的种植方法，田园土壤中的氮肥会越来越多。但是要注意，不是所有的豆科植物都有固氮作用，如尚没有发现决明子有固氮作用。钾肥的来源比较广，在草木灰中含量高。磷肥是比较局限的，鸟类的排泄物中富含磷。就全球而言，绝大部分的磷循环发生在发达国家，而发展中国家土地严重缺磷。

田园中常用的固氮植物

大多数固氮植物属豆科，并且是先驱植物（在荒野上最先长出），所以喜全日光。

草本：三叶草、苜蓿、各种蔬菜豆、豌豆。

灌木：木半夏、金雀儿、秋橄榄、杨梅属、锦鸡儿。

乔木：合欢花、杨梅属、刺槐、桤木、苜蓿树（tree lucerne）。

土壤中的养分含量，特别是微量元素养分含量，是继承母岩的，因此会有区域性的变化。也就是说，元素的地球化学背景值不一样。例如，中国的土壤中钒（V）元素统计值较高，澳大利亚的土壤大多贫磷。植物中化学元素的含量（包括微量元素的含量）与土壤中对应元素的含量相关，因此不同地区同一种植物中各元素含量也是不同的。

2. 酸碱度的作用

所有养分只有在一定的化学状态下才能被植物所利用。在无机环境中，养分大多呈可溶性的离子态，无机化肥就是在这种原理下发挥作用的。土壤中水溶液的酸碱度，即pH值，对无机化合物的溶解度起决定性作用。每一种元素都有一定的pH值适宜范围（窗口），pH值过大或过小都会阻碍它们被植物所用。酸性土壤中易缺 K、Ca、Mg、P 等元素，强碱性土壤易缺 Fe、B、Cu、Mn、Zn 等元素。人们常说这种植物喜酸，那种植物喜碱，其实是说喜酸性植物需要的养分在微酸性环境下溶解度比较大，在碱性环境下易被锁住，而喜碱性植物正好相反。磷的 pH 值窗口很窄，最佳范围在6.5～6.8，有效范围在6～7.5。如果土壤酸性或碱性较强，则可被植物利用的磷是很有限的。但是在土壤淹水状态下，磷的有效利用率会大大提高。当然，并不是所有植物对养分都有相同或相近的索求，有的乡土植物可能已经适应了“贫瘠”的土壤，按常规施肥反而会伤害甚至将其杀死。如澳大利亚的土壤普遍贫磷，加上土壤呈酸性，能被植物利用的磷很有限。而当地的植物已经安于现状，在根部发育出很细的毛根（这也是为什么它们很难移植的原因）来吸收土壤中微量的磷，所以它们不能接受正常化肥甚至有机肥中额外的磷补给。因此，在不同的生态环境中从事田园活动时要十分小心，既不能损害本土的自然林木，又要让外来的蔬菜、果树健康成长。

3. 有机质的作用

动植物和微生物死亡后，其残骸在微生物的生物化学作用下不断地被分解形成有机质。在这一系列过程中释放出来的养分被植物所利用，剩余的形成相对稳定的腐殖质。腐殖质有较高的营养元素和较强的水分吸附功能。因此，在改良土壤时，除了增加常量和微量的养分元素外，增加有机质含量也是重要措施。

增加土壤中的生物量及采用有机肥能大大改善土壤性状。土壤中的生物和微生物在死亡后经腐烂分解可转变成植物的有机肥料。一般有机肥料的可溶性差，受土壤溶液酸碱性的影响也小，所以相对稳定。那么，有机肥料中非可溶性的养分是怎么被植物利用的呢？答案是这类养分通过细菌和真菌等微生物的作用被植物吸收利用。菌类从植物的根际吸取植物通过光合作用产生的碳水化合物，同时吸取并分解土壤中的各种有机物料，将它们转变成植物可以利用的矿物质形式，并将其作为养分提供给植物，它们在生态系统中起着还原者的作用，所以微生物和植物是互惠的。在这个进程中，有机质中的养分逐步减少，最后变成比较稳定的腐殖质。腐殖质具有较强的吸附能力和离子交换能力，在保水持肥方面有积极作用。理想的土壤应含有2%～5%以腐殖质为主的有机质，富含有机质的土壤持水性和透水性都好。所以，没必要向土壤中直接添加化学肥料为植物施肥，而是可以通过施用有机物来滋养土壤，培养土壤中的微生物，并通过它们营养植物（图2.7）。

对于非常贫瘠，有机物和微生物都十分贫乏的土地，在开始时可以大量种植以豆科植物为主体的覆盖植物、绿肥植物，或者种植一年生蔬菜，直接为它们施肥（包括适量的无机化肥），其目的是为了增加土壤中的有机物，从而生产出更多的覆盖材料，并利用它们将施入的无机肥料锁定在植物中，再将这些植物还田，从而将无机肥变成有机肥。

通过种植豆科植物滋养土壤、培养微生物的过程相对缓慢。如果想在短期内取得较好的效果，可以通过叶面追肥的方式，即对植物的叶片喷洒“沤肥”。这也是自然田园法所采用的主要追肥方法。

4. 土壤微生物的作用

图 2.7 用肥料喂养微生物，微生物与植物的根交换营养（矿物质换糖分）

长期以来，人们认为大部分细菌和真菌等微生物是危害动植物健康的大敌。虽然，它们的确是多种疾病的根源，但是，近来它们所起的积极作用也逐渐为人们所认识。例如，它们积极参与分解和还原死亡的动植物，从而完成养分循环的最后一环，保证生态系统健康、可持续发展；包括细菌和真菌在内的微生物和植物之间存在互惠关系；根瘤菌具有固氮作用；等等。

有益的菌组合叫作 EM 菌，意思是有效的微生物。它们能有效加速植物（特别是草本植物）残茬或碎屑分解至腐熟的过程，故在堆肥等过程中被积极鼓励应用。同时，EM 菌在抗击有害细菌方面具有积极的作用，利用它们来防治由细菌引起的疾病是简便且行之有效的方法。例如，利用新鲜牛奶中的 EM 菌来治愈植物叶片上出现的白粉病等通常十分有效。EM 菌在日本、韩国及中国的自然农法中得到越来越多的运用。在红蚯蚓堆肥茶，以及有大量紫草、西洋蓍草及荨麻的液态沤肥中都含有大量的 EM 菌，可以替代专门制作的 EM 菌。

特制的 EM 菌是不同种类的细菌的集合体，其原始物是由实验室培养的培养菌。培养菌在使用前加糖蜜和水培养大约六周（图 2.8），使其体积膨胀，最后再加水稀释供使用。

真菌与植物的根有着密不可分的关系，它们形成一种共生体，叫作菌根，两者之间互动积极，特别是在养分交换等方面。此外，研究发现，菌丝体在地下连接成网络，它们为树木之间养分的传递，特别是磷的迁移提供通道。图 2.9 显示的是野生蘑菇和地下菌丝体的关系。

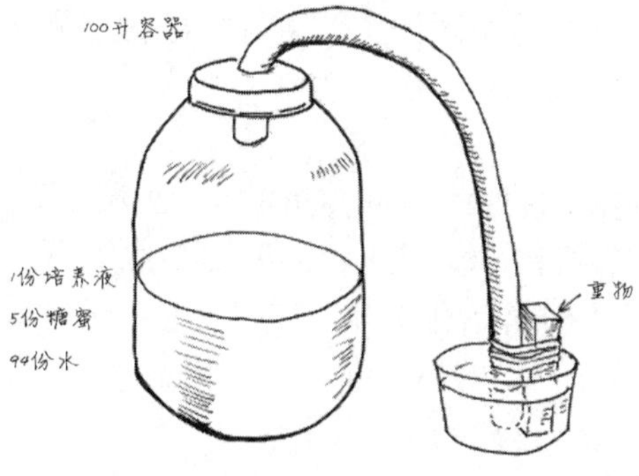

图 2.8 EM 菌发酵制作装置

注：该装置类似啤酒发酵桶，也可以采用有水封口的泡菜坛子。

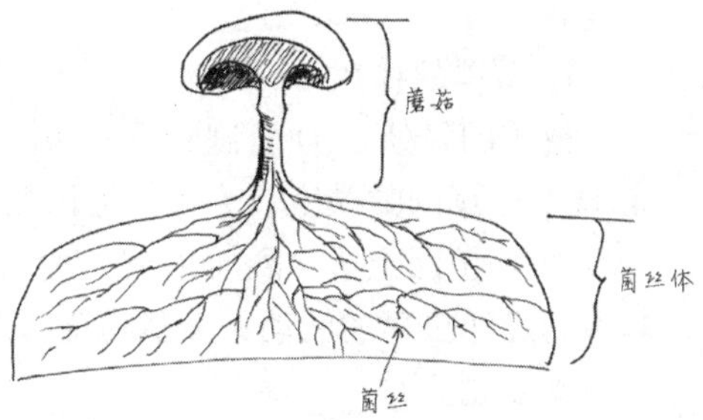

图 2.9 野生蘑菇和地下菌丝体

土壤中真菌的含量及其所起的作用与有机物（特别是来源于木质植物碎屑的有机物）的含量、土壤是否被压实及土壤 pH 值等有关。和益生菌一样，它们被用于堆肥来分解木质材料，不仅如此，在堆肥产物中有一定数量的真菌使得它们更适用于果木。因此，养分平衡的、多用途的堆肥需要一定数量的木质材料，如细树枝、碎木片等，当然在堆制发酵时需要添加含氮高的物质补偿分解过程中消耗的氮。而在堆肥中加入蘑菇残余物可能起到双重作用。但是，当加入蘑菇残余物的堆肥施到草坪上时，草坪土壤出现过分密集的真菌网络则会成为新的问题，蘑菇会呈线状出土进而影响美观。在流行的食物林设计中，通过菌根接种等方法来应对由有害真菌引起的植物病害或长势不良，越来越受到重视。

商业化生产的液态肥料中加入越来越多的有益细菌和真菌，除了提供某些养分外，还可促进植物的根系发育，增强植物抗病和抗极端环境（如抗热、抗旱）的能力。海藻提取物中含有大量的有益菌体，还可能含有促进生长的激素。

在森林中采集带菌丝的土壤，并加以适当的培养，然后再与一定量的 EM 菌一起加入堆肥中，是流行的现代东方自然农法的主要特征之一，这样堆成的肥以每立方米运用于一亩地的比例，对于稻谷的提产提质也有显著的效果。

（三）土壤培肥技术之一——覆盖物应用技术

覆盖物是指土壤表面和大气层之间的那一层覆盖物质，它阻隔了土壤和大气的直接接触。覆盖物可以是所有种类的有机物，也可以是无机物如砂石，中国西北干旱地区盛产的压砂瓜就是将砂石压盖在土壤上种植出的西瓜；覆盖物可以是死的植物，也可以是活的植物；覆盖物可以直接堆盖在土壤上，也可以在下面垫一层纸或塑料布（透气或不透气都可）。覆盖物的作用包罗万象，但是近来才受到人们的重视，但认识的普遍性还不足。在自然田园法中，覆盖可以说是第一要素。

1. 覆盖的作用

覆盖的好处：① 压制野草，保护土壤免受侵蚀；② 减少蒸发，为土壤保温；③ 调节土壤的酸碱度，为植物提供养分和有机物；④ 造土，促进土壤生物繁殖；⑤ 减少病菌因土壤水溅而传播，有利于物质的循环利用等。另外，它还能抑制蜗牛、鼻涕虫等的活动，覆盖物在腐熟过程中产生的热量可为土壤增温。

■ 压制野草

拔除野草是大部分人在田园中的主要劳作之一。虽然后来开始使用除草剂，但正面效果尚不尽人意，对环境的负面作用却不少。任何覆盖物只要本身不会产生过多野草，都可以用来压制野草。基于这个目的，一般在覆盖物的下面垫上一叠完全泡湿的报纸或硬纸板，以便有效隔绝空气；或者采用大约 2 毫米宽的黑色塑料带编织而成的不透气、不透水的压草垫，就足以让野草窒息。也有人认为，铺上报纸后，下面的土壤会酸化，所以不能让它们长期留在田里。

如果覆盖做在园床里，最好不用垫层，而是让覆盖物和土壤直接接触，以促进土壤中的微生物扩散到覆盖层参加分解活动。一般来说，覆盖物越厚，抑制作用越强。如果覆盖层达到 10 ～ 15 厘米，野草就可以得到有效控制，一年生野草很难再长出来。

如果覆盖物不是堆在田里，或者覆盖的时候田里没有庄稼，就可以采用压草垫或者黑色塑料薄膜，在它们上面铺上其他覆盖物就可以有效减少野草可利用的空气量，压制野草生长。或者直接压上装了水的塑料袋（可以用厚塑料布做成大型垃圾袋），这是最有效的空气隔绝方法。如果采用不透气的塑料薄膜，而且上面不完全覆盖其他物质（但是仍会压上一些重物，使塑料薄膜和土壤之间没有多大的空间），让太阳暴晒，它们会将太阳的能量传递给土壤，为土壤增温。太阳暴晒时采用黑色塑料布和透明塑料布用法和效果大不相同。黑色的薄膜由于阻断了阳光，使野草最终死亡。而透明的薄膜事实上是做了一个有限空气容量的暖房，由于这里温度很高、湿气很重，所以首先促使野草种子发芽，并快速生长，但最终野草可能因缺乏空气等因素而死亡。要达到这个最终目的，要根据温度、光强、野草类型，控制好时间长短，最终清理掉土壤中的野草种子。如种植胡萝卜或洋葱的园床要求尽可能没有野草及其种子，在开始种植几周前，将园床上正在生长的野草清除，然后用透明塑料薄膜覆盖，以便让潜在的野草种子提前发芽出土，再次拔除，然后开始种植。

也有人采用铁皮（特别是没上油漆的镀锌铁皮）作覆盖，对于压制野草、控制虫害都有很好的效果。这是因为铁皮在阳光下，会产生很高的温度。当然这不能大面积使用。

用覆盖也许很难根除那些强壮的野草，但如果长期（2 ～ 3 个生长季节）坚持，最终还是会有效果的。通过地下根茎生长的野草，如单子叶类野草，即使在覆盖物下铺设一层纸或压草垫，也很难将它们杀死，但这样做会促使它们朝未被覆盖的地方生长，所以覆盖面积应向四周延伸许多，靠近园床的边缘尤其要铺严，不得已的话要及时采取其他措施如耕作或引入动物，来清除它们。

覆盖物下采用垫子之优缺点

优点：野草压制效率高。

缺点：土壤微生物和覆盖物的互动被抑制；水肥较难到达根部。

折中方案：短期使用，采用土下埋管等方法来灌溉。

■ 保护土壤免受侵蚀

土壤流失在全球范围内依然是第一大环境问题。土壤可能因风蚀、水蚀而流失，或者随着植物拔除带出而流失。其中，风蚀在许多场合是最主要的原因。在土壤表面覆盖一层物质，可有效减少土壤因风蚀而流失。雨水对土壤的冲击也是土壤流失的重要因素，特别是抬升园床或坡地。当有覆盖物时，雨点对泥土的冲击被缓和，强力的雨点经过覆盖层到达土壤时变成下渗的细流，从而缓慢进入土壤下层。这种作用在土壤的水分尚未达到饱和时更加明显。

■ 减少水分蒸发

浇水在干旱地带的田园活动中是与除草同样的琐事，而且有些地方水还可能是稀缺资源。即使在雨量较充沛的热带、亚热带地区，旱季浇水也是一个问题。其实，植物体本身利用的水分很有限，大部分的水分通过植物叶片的蒸腾作用、土壤的蒸发及土壤水分流失消耗（图 2. 10）。

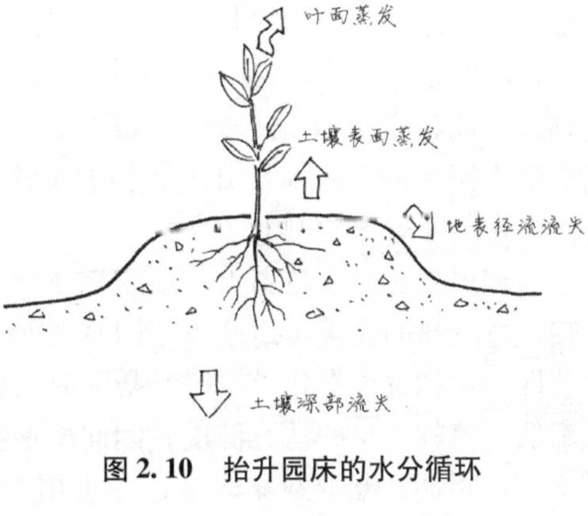

图 2. 10　抬升园床的水分循环

植物的蒸腾作用是植物吸收和运输水分的主要动力，它是与光合作用相伴随的植物固有的特性，如果蒸腾作用减弱，则叶片气孔关闭，光合作用也随之减弱。大多数植物的蒸腾系数（植物每制造 1 克干物质所消耗水分的克数）在

125 ~ 1000之间。木本植物的蒸腾系数比较低，如松树约为40；草本植物的蒸腾系数较高，大多数农作物在300 ~ 500之间。这与植物本身，特别是植物的叶面结构有很大的关系：叶片大，表面积大，毛茸茸的叶片有较强的水分蒸腾能力；而表面呈油脂状的光滑叶片，如沙漠里的多汁类植物则反之。

通过土壤流失的水分，或者垂直向下直接从土壤底部流失，或者因土壤水饱和从抬升园床的侧面流出，或者来不及渗入有些坡度的土壤，成为地表径流而流失。土壤水分流失可以通过增强土壤的吸水和保水性能，或在园床底部增加不透水层，或通过改变浇水的习惯、方式（如减慢速度以防止水溢出），或通过滴灌方式供水，或通过覆盖等措施加以控制。

土壤蒸发所耗水分可以通过覆盖得到非常有效的控制。任何类型的覆盖物都有减少土壤水分蒸发的作用。即使是大的片状岩石，只要能将裸露的土壤有效覆盖，就能有效减少水分蒸发。如果要进一步提高效率，可以将水直接浇到覆盖物之下。得到适当覆盖的土壤，只要保水性能不是太差，种植的大多数植物，特别是多年生植物，在扎根并成长到一定阶段后，一般是不需要浇水的（十分炎热和干燥的季节除外）。

亚热带果树覆盖物的周期性管理方案实例

在较热的地带，需要在夏天覆盖以防土壤过热而影响植物健康成长。亚热带果树下滴水线外围的区域中，在春天或树木刚种下时铺上报纸，然后盖上10 ~ 15厘米厚的干草。到秋天，报纸和干草基本分解，就将它们清理出去做堆肥，除去地上少量的野草，就可以在那里种植耐寒喜凉的一年生豆科植物，如香豌、羽扇豆等，以增加观赏性，并发挥它们的固氮作用。等到春天果树开始生长时，将它们清除，然后再铺上干草覆盖物，如此循环往复。

■ 为土壤和植物保温

覆盖就是为土壤盖上一层“被子”。这层“被子”在寒季可以为土壤增温保暖，在炎热的夏季可以减少太阳直射而使土壤保持凉爽。土壤温度除有规律的季节性变化和昼夜变化外，时常随瞬时气候变化有所波动。大部分地区的冬季温度都低于植物生长的适宜温度，因此增加覆盖提高土壤温度能够促进植物生长。

从寒带、温带到亚热带，为土壤覆盖保温主要是在冬天进行；当天气转暖时，将覆盖物扒开，让阳光直接照射土壤，使它尽早升温。特别是在树木四周，如果种植着宿根花卉，这时必须将覆盖物挪开，让这些底层植物尽快出土生长，它们在生长季节里又可以充当活的覆盖物。常见的景象是初春为落叶树（如桃树、李树）减薄或完全除去覆盖物，让树下密密生长的洋水仙尽早出土开花，既大大地增加了观赏性，又可为土壤保温（图 2. 11）。

(a) 冬季采用木屑

(b) 春天利用的密集种植的球茎花卉充当覆盖物

图 2. 11　温带或寒带地区树木覆盖的季节性方案

雨水分布与覆盖的时机也有关系。在地中海气候下，冬天雨水增多，这时厚厚的秸秆就会变成鼻涕虫的温床。因此，需要清除覆盖物，到春天再覆盖回去，从而抑制鼻涕虫的生长和繁殖。

用覆盖物防霜冻是一把双刃剑，要特别引起注意。厚的覆盖也许能防止轻度霜的生成，但是如果霜冻比较严重，一旦在覆盖物上形成了霜，就会比没有覆盖时更难融化，对植物的危害也就更大。所以，在有霜冻的地区需要做一些观测甚至试验后再实施。

由于岩石，特别是深色质密的岩石，有很高的热容量，将它们用作覆盖物材料，有很好的为土壤增温的效果。在园床上散布一些石板，不但能为土壤增温，其散发到空气中的热气也可为周围的植物直接提供热量。将它们垫在南瓜下面，不但有助于防上果实腐烂，而且有利于南瓜生长。如果在温带种植了亚热带植物，如柑橘，则可以在树底下铺上一层石板或砖头，覆盖面积越大，增温效果越好。

■ 为植物提供养分和有机物

覆盖物的养分价值完全取决于覆盖物的类型。由于覆盖物处于土壤的上方，它们腐烂分解后养分融入表土才能为植物所吸收，所以其腐烂分解的速度影响覆盖物养分的可利用性。草本覆盖物，像秸秆、绿肥、草坪的草屑和作物的残余碎屑，由于分解快，含氮量高，养分价值也高（图 2. 12）。而木屑、树皮屑等分解慢，几乎没有多少营养价值，加上它们的块体大，不易扒开挪动，所以在菜园中应用较少，但是正因为它们分解慢、稳定，所以在观赏性的园林中大量应用。

在自然界，树林的养分循环主要通过落叶覆盖实现。落叶堆积腐化后变成叶霉，对树木的成长非常有利。有的树叶如桉树叶或松柏的叶在比较新鲜时可能含有能抑制其他植物生长的化学物质，需要先将它们在一旁堆置数月，等到这些化学物都被淋滤掉后，再用作树木的覆盖物。

图 2.12　房屋旁的干草堆（凡·高作品）

注：干草一直是牲口的主要饲料，现在越来越多的用作覆盖物。

植物残茬和动物的排泄物等有机物在微生物作用下，经腐烂变成有机肥。原始物料的碳氮比例（C∶N）会对腐热过程产生重要影响。从有机物在微生物的作用下转变成堆肥的角度看，原材料中碳氮比以 24∶1 为最佳。原因是微生物体本身碳氮比大约是 8∶1，而它们的活动需要额外消耗双倍的碳来获取能量。如果碳氮比例太高，微生物消耗不了过量的碳，堆肥过程就会很慢；反之，碳氮比低太低，则会造成氮过剩。有时有机物会团结成空气透不过的席状结构，妨碍有氧堆肥过程的正常进行，或产生覆盖物透水障碍。需要提醒的是，C∶N 的数值不是衡量堆肥质量的唯一指标，堆肥物质其他方面的特性，特别是养分元素的平衡性、木质纤维等的含量可能同等或者更加重要。此外，原始物料的多样化也是值得提倡的。

秸秆是指干的稻、麦等农作物的茎秆，其 C∶N 较高，所含的氮素养分较低。但它们作为主要粮食作物的副产品，来源广、价格低，且易操作，在美学上具乡村气息，所以作为覆盖物应用得最广。千万不要将它们直接埋进土里，否则它们会在腐烂的过程中夺取土壤中的氮，造成土壤氮肥缺乏。可以加入放置过并稀释了的动物尿液或其他含氮高的物质补充氮素，同时加快秸秆的腐熟过程。

碳氮比（C：N）

下面是一些常见田野物质的碳氮比，但不是绝对的数值，它会随土壤及施加的肥料而变化。

木屑、硬纸板、锯末：500：1
报纸：170：1
麦秆：128：1
干叶：70：1
玉米秆：60：1
松针：（60～110）：1
泥炭、梯牧干草：58：1
燕麦秆：48：1
新鲜叶片、干草：40：1
马粪：30：1
红花三叶草：28：1
橡树叶：26：1
咖啡粉、紫花苜蓿丸：20：1
牛粪、蔬菜制品：19：1
紫花苜蓿干草：18：1
新鲜草坪草屑：17：1
堆过肥的干鸡粪：15：1
棉花籽制品：7：1
大豆制品：6：1
血液制品：4：1
尿：0.6：1

绿肥

绿肥是指专门为滋养土地或喂养牲口而种植的植物，其中有的是固氮植物。它们中以苜蓿干草用得最多。苜蓿含氮量高，是马等牲口的较高档饲料。它们腐烂分解得较快，可以作为需肥量大的植物如西红柿的覆盖物，或作培土用。质量差的绿肥可能会含有许多你不希望见到的草籽，可以先将它们扔到鸡舍里，让鸡解决掉这些烦人的草籽。

冬季常用的绿肥种类：豆科的有紫云英、三叶草、豌豆；非豆科的有裸麦、大麦、燕麦、小麦。夏季常用的绿肥种类有荞麦（图2.13）、小米、高粱。

图2.13 荞麦

草坪上割草机割下来的草屑含有比较适中的氮量，其 C∶N 值适宜。草坪的质量，如野草特别是长籽的野草多否，是否用过农药，草坪长势如何等，也影响到草屑作为覆盖物的价值。如果将新鲜的草屑堆积，会形成不透水的席状结构，故此法不可取。但是可以将它们薄薄地撒在土壤或其他覆盖物的顶部，或者在太阳下晒干后再用。

其他养分比较高的物质有海带、池塘漂浮植物、各种养分积累物如紫草叶等。为了美观，可以将它们塞到秸秆覆盖物的下面。

粗粝的田园残余物碎屑，像玉米秆、向日葵秆等剁碎后也可以用作覆盖物。但由于它们比较“粗”，所以适用于不显眼的地方，或者用割草机先切割后再使用。

■ 造土

土壤会因侵蚀作用而不断流失，覆盖物类似于就地堆肥，在腐熟后，最终变成有机土。如果覆盖物比较厚，所创造的土壤量也是相当可观的。10 厘米厚的干草能产生大约 3 厘米厚的土壤，这样的覆盖物量基本能使园床中土壤的收支相抵。

■ 促进土壤生物繁殖

直接与土壤接触的植物覆盖物，其底部将会有不同数量的微生物和蚯蚓等土壤原生动物聚集。微生物以覆盖物中的养分为食，加速植物的分解、腐烂，乃至腐熟。同时，它们又积极参与和活体植物的养分交换活动，促进植物的生长发育。类似蚯蚓这样的土壤原生小动物，它们吸取覆盖物中的养分，消化后转化成养分更加富集的排泄物，同时它们在土壤内部爬行，起到松土的作用，所形成的空隙连通性好，便于空气和水在土壤中流动。蚯蚓在移动过程中和土壤的接触面上会产生一种液体，其内含有较高的矿物质，特别是钾元素。

由于微生物和蚯蚓的作用有很多，所以蚯蚓堆肥的方法应用得比较广。专门用于堆肥的蚯蚓大多是红色的，故常被称作红蚯蚓，它们可在地表（即有氧的环境下）生活，而不像大部分野外的品种那样只能在土壤内部生活。蚯蚓堆肥的料堆定期要用水冲洗，过滤下来的水稀释若干倍以后，形成很好的液态肥，叫“红蚯蚓茶”，其中，不但矿物质和维生素含量多，益生菌也有很多。这种液肥可以用于任何植物，并且可以直接喷洒叶片，不会烧苗。它们特别适合在植苗定植之前使用，以增强幼苗抵御环境压力的能力。

但是，这种蚯蚓很难在野外生存，它们需要人工照料和喂养。所以在自然田园中适合采用当地的野外品种，它们可以养在任何器皿中，如澡盆或桶内（但是这种装置比较难提取蚯蚓茶），鸡粪对于它们有巨大的吸引力。在自然田园中，增加土壤中的蚯蚓比任何人为的蚯蚓堆肥方式都重要。

如果在土壤和覆盖物之间夹了一层材料如报纸或压草垫，会大大妨碍微生物和土壤小动物在堆积物中扩散繁殖。

蚯蚓农场方法简介

准备有几个屉的蚯蚓农场装置，开始时只用一个。当一个屉装满以后（要几个月），再在上面加一个屉，这样下层屉中的蚯蚓会爬到上层屉中。然后，将下层屉中的蚯蚓粪和遗留物连同基质撒布到土壤中。

屉中的基质是一些浸泡过的纸或椰子壳的纤维、蚯蚓粪和其他遗留物。食物大部分是厨余，也有田园产物、咖啡和茶渣。不要加入肉类和奶制品，不要加入葱、蒜等辛辣物质及橘皮等。

蚯蚓每天吃相当于本身体重的食物，所以最好每次不要加入太多（几天的量即可）的食物，放太久容易变质，特别是在热天（这时，可以撒少许石灰）。食物要切成小块，最好先在冰箱中冷冻后再在阳光下融化，这样容易被蚯蚓吃食。将食物埋到基质下面也有助于蚯蚓吃食。

定期（每隔几天）加一升水，可以是淘米或煮面的水；同时将底盘的水龙头打开（图 2.14），以收集淋下来的水，即为红蚯蚓茶。

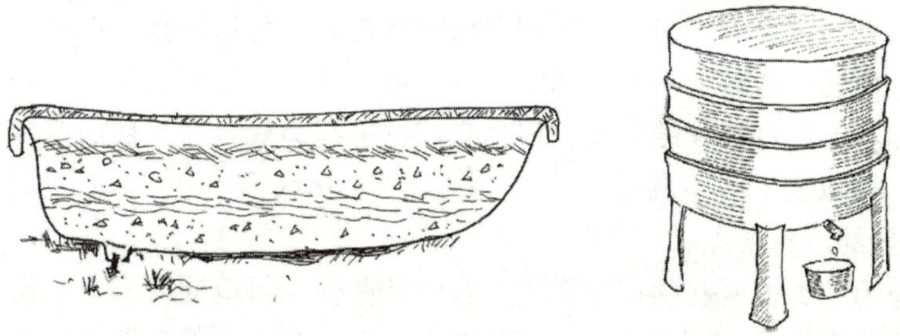

(a) 用废旧浴缸　　(b) 商业性塑制多层蚯蚓箱

图 2.14　蚯蚓农场

在顶部加一块毛毯，以减少温度变化。如果太热，蚯蚓会跑到底盆的水里。这时要设法为它们降温，也要避免加入新鲜的草木屑和鸡粪（它们分解时会产生热量）。

■ 调节土壤的酸碱度

不同的植物覆盖物，在腐化过程中会呈现中性、酸性或碱性。这可能是由于植物本身的特性不同，或是植物在腐烂的过程中，在微生物作用下产生的结果。呈酸性的植物覆盖物有常青类植物，如松树和木麻黄上掉下来的针和树皮，柏树枝和桉树树叶。将它们放置一段时间后，用来覆盖喜酸性环境的植物，如杜鹃花、栀子花和蓝莓等，常会有意想不到的惊喜。硬木来源的覆盖物常呈碱性。

■ 减少病菌因土壤水溅而传播

因细菌、真菌等引起的病症，如白粉病等，会随水传播。当水打落依附在叶片上的病原体时，它们会随着水珠从地上溅起，落到临近的植物叶片上，从而将病菌传播开来。而当植物底下有覆盖物时，水珠溅起的机会会不同程度地减少，溅幅减弱，从而减少病菌直接传播的机会。

■ 废料就地循环利用

这一点最为重要。任何资源，如果得不到妥善管理，就会变成垃圾，造成污染。像秸秆，常规的处理方法是烧毁，这也是现代常规农业对大气中的温室气体——二氧化碳的主要“贡献”途径之一，而将它们用作覆盖物，就成了养分的来源。所以，应站在“立足当下，放眼未来”的高度来看待覆盖这样一项简单却重要的土壤培肥技术。

另外，覆盖物还有其他作用，如会产生热量，会对虫害产生影响等。由于覆盖物在腐熟过程中会产生少量的热，并且可能产生一些对植物生长不利的中间产物，所以不宜与植物直接接触，特别是植物幼苗，以免造成植物腐烂。但是，在天气较冷的地区，这种热量可传递给土壤，从而有利于植物的生长。覆盖物还能减少蜗牛和鼻涕虫对植物的危害，但是它们也可能会躲藏在粗糙的覆盖物（如秸秆）底下，所以要不时地翻看。

2. 覆盖的注意要点

上面介绍了覆盖所起的正面作用，其中某些作用可以同时实现，所以要综合考虑。为植物提供养分和有机物，以及造土的功能对于自然田园非常重要，其过程类似于堆肥作用，是动态的，而其进行的速度与气候、覆盖材料和浇水的关系密切，所以需要实践者持续关注、观测和试验。在覆盖物的腐熟过程中，新土不断形成。同时，种植的植物也在不断生长，根系不断延伸，故植物和覆盖物的相互空间位置在不断变换，所以在规划时要考虑到这些变化，至少要考虑植物一个生长季的时长。

如果以覆盖物作为最主要的基肥，那么在最初的阶段，由于覆盖物分解腐熟过程长且产生的养分少，适当地进行以叶面喷施为主的追肥是有必要的。下一节会介绍具有该用途的农家液肥的制作方法。

要加快覆盖物的腐熟过程，假如覆盖对象不在种植床上或种植床上没有植物在生长，可以在雨后盖上透明塑料布，为覆盖物保温、保湿，加快腐熟过程。不过最好每隔一两天，打开一段时间透透风，以免长久不透气对微生物造成不利影响。

不要将覆盖物埋进土里，这样除了会消耗土壤中的氮肥外，还容易造成植物的根系腐烂。此外，最好不要让树干或植株直接接触覆盖物，而将覆盖物向外扒开一些，也是同样的道理，而且这样容易将水直接浇灌到根部。

种植绿肥相当于加一层活着的覆盖物，并且绿肥能进行光合作用制造有机物，更有效地利用太阳能，豆科绿肥还能够固氮，滋养土壤。绿肥管理的特点是不让它们长得过于茂盛，更不让它们开花结籽，以防止消耗养分。在使用的前几周，将它们捣毁于田地，令其枯死，等腐烂后再埋进土壤。也可以不将绿肥全部除去，而将作物行间的那些留下，继续起覆盖的作用，特别是对于固氮的绿肥植物，如三叶草等。

（四）土壤培肥技术之二——堆肥技术

堆肥是指将可腐烂的物质堆积起来，让它们随着时间在微生物作用下发酵、分解、腐熟成有机肥料的过程。堆肥的方法很多，有的与空气接触，并通过翻堆等操作有意引导空气进入堆肥料堆参与堆肥过程，这叫作有氧堆肥；也有的将空气隔绝，如将堆肥物质浸泡在水里，如中国的沤肥，叫作无氧堆肥。有氧堆肥和无氧堆肥分别利用不同类型的微生物组合。一般来说，有氧堆肥没有多大异味，而无氧堆肥则有。有氧堆肥的产物（包括微生物）与在自然状态下形成的更接近，类似于覆盖物的腐熟过程，但速度更快。堆肥的速度取决于温度和湿度，所以热天在阳光下堆肥更有效。如果在地上堆肥，那么在堆肥料堆的下方会聚集大量的蚯蚓。图 2. 15 是几种常用的堆肥装置。

(a) 用汽油桶做成（可转动）　(b) 用货盘架搭成　(c) 商业用塑料堆肥箱

图 2. 15　常见的堆肥箱

近年来，很流行刻意让堆肥在高温下发生的有氧堆肥，叫作高温堆肥。高温堆肥需要一定的材料体积（大于1立方米），并堆积成近似立方体，材料中各种养分的比例也要合理。采用高温堆肥的目的之一是加快堆肥过程，如在亚热带气候条件下不到三周即可完成；目的之二是利用高温杀死草屑或马粪中残留的植物种子，以防野草繁殖，同时杀死尽可能多的病原体；目的之三是利用产生的热量给水加热。由于发酵产生的高温只局限在料堆的中间，所以高温堆肥需要每隔两三天翻堆一次，将外部未经高温腐化的部分翻到中间。高温堆肥有一个比较明确的起始，在原始材料堆积形成后，需要在“堆”中间放入引子，最好的引子是一小桶鱼的内脏或鸡粪等。在这之前，最好不要将材料立体堆积存放，以免过早开始堆肥过程，从而降低堆肥时产生的热量。

冷堆肥由来已久，操作灵活，如将原始材料放进一个黑色塑料袋，然后将它放置在朝阳的角落；或在地上挖一个坑，将原始材料堆放在里面。数月之后，都能变成堆肥。

平衡的原料配比能产生高质量的堆肥。木质（褐色材料如干树叶、细树枝、纸）、草料（绿色材料如草屑、蔬菜余料等）、厩肥大体各三分之一，混合后的平均C：N为25：1左右。各种野草、岩粉、鱼肠、海带等都能提高堆肥的质量。如果需要，可以加入骨粉、尿液或尿素以增加氮肥，加入岩粉以增加微量元素。人和猪的粪便可能带有病原体，一般不加采用，陆地动物的肉类也不要使用。在家庭堆肥中，硬纸板因难于分解，所以不宜采用。堆肥材料，特别是木质材料越细小越好。

高质量的堆肥不但有平衡的养分，而且有丰富的有益微生物。像红蚯蚓茶一样，从其他高质量的堆肥中也可以提取堆肥茶，堆肥茶中不但含有丰富的矿物质，而且有大量的益生菌和酵母。腐熟透彻的堆肥经筛选，可以作为育苗和盆栽的介质。具有大量蚯蚓的堆肥，甚至可以作为鸡饲料。

商业市场有有氧堆肥箱和无氧堆肥箱出售，前者可以转动，这样氧气能有效进入，而后者放在地上不动。

红蚯蚓堆肥茶的制作

备一个约20升的桶，450克红蚯蚓的排泄物或4杯红蚯蚓茶，6杯糖蜜，水泵（或其他能在水里吹出泡的装置），过滤布。

将红蚯蚓的排泄物或茶倒入桶内，加11升的水，然后加糖蜜搅匀。将软管接在水泵的排气口上，另一段插入水中，打开电源。3天后将液体过滤，立即使用，喷洒到植物的叶面上。

注意，红蚯蚓堆肥茶的有效期只有一天。

不管运用何种方法，将原始材料切成小块（可以用割草机）都很关键。最终堆肥的质量也主要取决于原始材料。

堆肥的原料主要是就地利用的废弃物。

在制醋之乡江苏省镇江市，堆积如山的醋糟的治理一直是个难题，近年来通过堆肥技术把它开发成栽培基质和有机肥，既有商品化开发，也有农庄或农户自行堆制利用，醋糟就变废为宝了。醋糟中养分含量较高，由于醋糟的主要成分是稻壳，颗粒较粗，施用后不但可以培肥土壤，还具有疏松土壤的良好效果；醋糟具有弱酸性，还可防止土壤盐碱化。在江苏省镇江市句容戴庄的有机农场中，无论果园、菜园还是农田，核心技术就是连年大量施用醋糟有机肥，使植株健康生长。

醋糟堆肥技术

1. 选择场地。只要是比较平坦的空旷地即可，略有坡度的更好，可以防止积水产生。

2. 水分调节。由于新鲜醋糟的水分高达 70% 左右，先要滤一下水，或加一点草屑或粉碎过的干秸秆，把水分调到 60% 左右。

3. 原料混合。由于醋糟的 pH 值偏低，要加入一些碱性的物料，如鸡粪或草菇渣；此外，醋糟钾含量偏低，可通过添加草木灰来增加磷钾肥。

4. 添加菌剂。取部分陈旧的堆肥，尤其是醋糟堆肥加入新鲜的料堆中，里面含有醋糟发酵适宜的微生物。也可采用商业菌剂（发酵腐熟剂）。

5. 堆制发酵。以 1 米宽、1 米高为宜，长度根据原料的多少而定。在露地上堆制时要用塑料布盖住料堆，以防雨水浸入。隔 4 ~ 6 天翻堆 1 次，共翻堆 2 ~ 3 次即可。一个月以后，堆温下降到接近环境温度，发酵结束，堆肥可以使用。

在自然田园法中，我们以覆盖为主。在材料、时间等有富余的情况下，也提倡堆肥。一般以有氧堆肥为主，但有时也采用无氧堆肥的方法，用类似制造沤肥的方法制造自己的农家液肥，作为追肥用。

农家液肥的制作

用有机物沤制产生的液态肥含有比较全面的养分，在绿叶蔬菜等生长过程中作为追肥使用，可以促进作物生长。

农家液肥的制作方法比较简单。首先取一个桶，在里面加满下述物质，而且混合的品种越多越好：割下来的草、拔下来的野草、树叶、蔬菜的废弃物、喝过的茶叶、任何厩肥（新鲜的、陈年的均可）、堆肥等。如果能加一些海带、紫草叶、荨麻和春黄菊等则更好。然后压上重物，加满水，加上盖，放置一到两周，待它们发酵开始变成褐色时，将液体倒出来备用，在桶内再加满水重复这个过程。在反复使用四五次后，将固体物倒出来作为覆盖物，这时野草应该已被彻底杀死，绝大部分种子也不会再发芽了。

根据植物的需求，农家液肥可以每周施一次，从叶片由上往下喷洒。它们不但能为植物提供易于吸收的养分，而且可以增强植物抵御环境压力的能力，如太冷太热、太干太湿等。

注意：这种液肥的味道很大，所以要放到僻远一点的地方，而且在使用前一天先打开盖，以减少异味。使用时要避免与身体接触。如果有苍蝇，在开盖通气时，最好盖一个能防苍蝇的装置，如网纱或过滤布。如果没有蜗牛问题，可以在夜间喷洒。

三、田园植物管护的关键技术环节

（一）繁殖

常用的植物繁殖方式有种子发芽、分根和扦插三种。

1. 种子发芽

播种发芽的繁殖方式主要用于需要个体多、生长快的植物，如一年生蔬菜和花卉。

在种子发芽之前，对于较大的种子如菜豆，可以采用浸种的方法，将其用温水浸泡过夜，以缩短播种后发芽出苗的时间。也有人将种子撒在湿布上，再放进铁盒内在阳光下曝晒，以加快发芽过程。但是笔者认为，后一种方法没有多大必要，拿已经开始发芽的种子播种会对出苗产生不小的震荡。育苗的容器最好是隔离的，这样，移植时就不需要再将植苗分开而伤到根系，如常用的穴盘育苗，根与育苗介质盘成坨，移植时容易成活。如果能用可以自行与苗分离的容器更好，只要直接将苗连同容器一起种到地里，而无须将苗拔出。幼苗可以采用硬纸做成的鸡蛋盒；大一些的苗，特别是深根植物苗，可以采用已用完的卫生卷纸芯。

如有需要，在种子发芽阶段可以采用相应的接种。如将固氮根瘤菌（图 2. 16）接种到豆科植物如三叶草的种子上，以增强植物的固氮能力。对木本植物的菌根接种，可以增强植物对于恶性菌类的抗性。

图 2. 16　固氮根瘤菌

2. 分根

分根主要适用于根系发达的植物，如草莓，或球茎类如大蒜，扦插或块根类如甘薯，或块茎类如土豆。

3. 扦插

扦插主要适用于果树（如苹果树）或灌木类，以及草本类像迷迭香、紫草、菊花等。有的植物当它们的枝条碰触地面后很容易就地生根，如番茄，可以将它们的根挖出来，作为独立植物移植。

扦插的效率很高。在春天，由于有较长的生长时间，故可取较新较软的枝（软木）扦插，成活率较高，冬天来临时扦插植株已经长得比较健壮了；也可在秋冬扦插，特别对于落叶植物，当它们落叶时可将较老较硬的枝条（硬木）剪成一定长短的切枝，在切枝的下方刮去一些皮，最好选有侧枝长出的点，即所谓的“生长点”，将侧枝移去，以便扦插后尽早生根。上部只留几片叶子，如果叶片大，可以将部分叶片剪去，以减少通过叶片蒸发的水分（图 2. 17）。

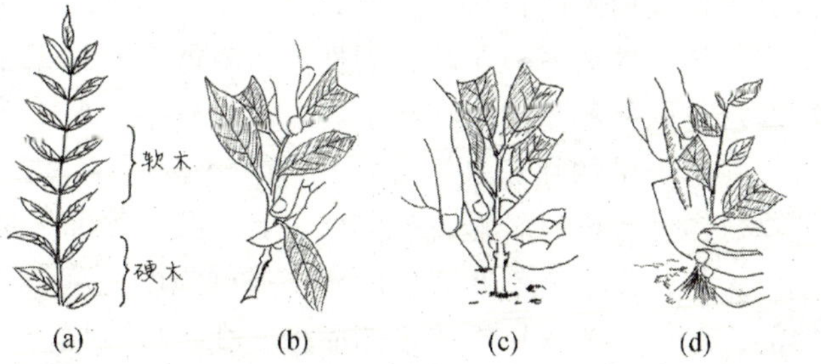

（a）剪枝（软木或硬木），底部必须要有生长点；（b）去叶，只留顶部几片，将底部的皮刮去；（c）插土，土壤要保持潮湿；（d）移植，待新叶长出来后，即可移植。

图 2. 17　扦插

另一种扦插方法叫空中压条，是将正在生长的乔木或灌木的枝条（最好包含生长点）剥去2～3厘米长的树皮，裹上塑料布，中间加满土或其他生长介质，两头扎紧。几个月后，包裹住的地方可生出根系，然后在根下部截断装盆或直接下种。也可以将植物底部的枝条埋在地下，待到生根以后，把它从根部切开，挖出移植。落叶树常用这种方法进行繁殖。如果是先移植到盆里以方便管理，那么或许要等到冬天叶片都落下后，才能取出来，作为裸根树苗（图2.18）。

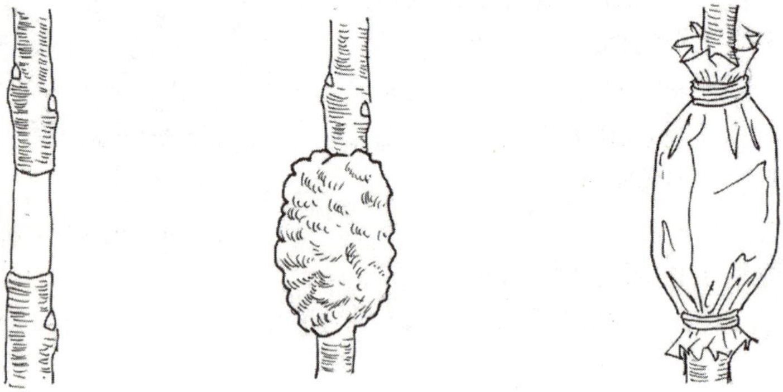

(a) 去树皮　　(b) 用苔藓或黏土等裹住　　(c) 外包一层不透水的布，两头扎紧

图2.18　空中压条

（二）嫁接

嫁接主要在同一科（如果是同一属的存活的几率会更高，但是选择性不强）植物中进行，在木本植物中比较普遍。嫁接的基础部分（下部和根部）叫砧木，一般其根比较强壮。商业出售的苹果等果树一般都是经过嫁接的。嫁接的目的不仅是为了得到理想的树型，或者为了将目标植物小型化以适合庭院种植或便于管理和采摘，也是为了增强树木的抗病防虫能力。将雌雄异株的植物如猕猴桃嫁接在同一个砧木上，这样一棵树就成了雌雄同株体，就能自发结果了。此外，可以将一年生的植物嫁接在同科的多年生植物上。蔬菜的嫁接主要是为了防止连作条件下的土传病害，在瓜类植物和茄果类植物上用得较多。

嫁接后的植物寿命一般都比较短，如苹果只有十几年寿命，而自然状态的苹果树寿命长达二三十年，而且自然状态下的树木机械强度更高。所以，如果要让果树发挥防风功能，最好不要采用嫁接过的品种。在嫁接点以下，包括新长出来的根，都是砧木的种，不要用它们来繁殖。

在自然田园中是否采用嫁接，需要看具体情况。对于猕猴桃、奇异果和某些葡萄来说，嫁接品种生长更快，结果更早，但是对大部分果树来说值得深入探讨，特别是在耐旱、耐寒、耐热、抗风强度和防烂根方面，非嫁接的品种表现更佳，而且结的果实更多（尽管果实也许会小一些）。

嫁接常用方法的是在砧木上切割一个“V”形槽，或者只是切一个口（图2.19），在要嫁接的枝条上削一个角度相同的“V”形尖头，将其插入“V”形槽内捆绑或用尖状物穿插固定即可。也可以将两者平面对接，但是难度更高，必须要将两者薄薄的形成层完美连接，它们才能接触。

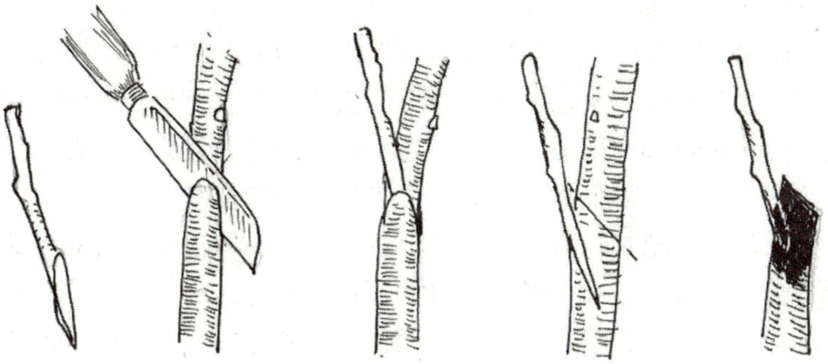

图2.19　嫁接

（三）移栽

将植物从室内移到室外，从盆里移种到地里，对植物都有震荡作用。为了使植物幼苗能适应这个变化，宜在移植到大田前，将植物幼苗连同育苗容器一起搬到室外放置几天，在这期间少浇水，让它们的生长速度减慢，这个过程叫作“硬化”，也叫“练苗”。

不管是种子直播出苗，还是育苗移栽，幼苗都需要精心保护。幼苗往往是鸟类和昆虫偏爱的美食，要十分注意提防。在移植后的前两周，要勤浇水。在阳光强烈的地区，不宜一直在阳光下暴晒，要有遮阳措施，一般采用遮阳网，也可选用防虫网。防虫网的网眼大小不同，有的网眼很密且是深色的，既能防虫，又能遮阳。在温度较低的条件下，给幼苗套上剪去底的透明塑料瓶可以一举多得，既防虫、防风，又保湿，但要时常将塑料瓶拿开，让植苗透透气。

喷洒沤肥、海藻液肥乃至牛奶，有助于幼苗抵御土壤中各类有害微生物的攻击。对于移植木本植物，如果在本地有长得健康的同类植物，取些本地品种生长区的土壤加在新种的树苗周围，土壤中的土著微生物会产生意想不到的效果。

（四）花期调控

如前所述，温度和光照对于植物何时开花会有影响。对于茄果类、豆类和瓜果类，植物开花可能是好消息，因为其收获的部分是从花朵继续发育成果实而来的，也就是开花是收获的基础。但如果收获部分为营养器官，如叶菜类和块根、块茎类，除了留种需要外，一旦开花就意味着植物生长经济价值的结束。所以，掌握植物何时种植，何时成熟或何时开花，对于蔬菜的高产高效较为重要，这也是蔬菜种植的难题之一。天气的异常变暖或变冷，都会对植株开花产生影响。如果能比较可靠的预测天气，可以事先借助暖房和冰箱，或是通过改变水、肥的供应干预植物的生长速度。

对于叶菜类和块根、块茎类收获营养器官的植物，不能过早满足其开花的临界日长，要尽量延长营养生长时间，这样产量才会高。例如，对越冬生长的叶菜类如菠菜，或块根类如白萝卜，不要种得太晚，以免到春天植物尚未长到可采收时，就满足了长日照条件而抽薹开花，失去其经济价值。

对于收获果实的植物，有一类是无限生长型的，即边开花结果边长茎叶，如番茄、黄瓜等，它们往往在个体很小时就开花结果。另一类是有限生长型的，即一次性开花结果，这类植物在开花后，光合作用制造的能量大部分都消耗在花和果实上，植株根、茎、叶等营养器官的正常生长被抑制，从而通过纤维化变老，所以这类植物不能让其过早开花，既要保证前期有一定的营养生长期，又要保证能正常开花结实。如花椰菜，其花球是否发育充实、肥大，关键在于叶片的生长基础，即花球的质量与叶片的质量呈线性关系。因此，要掌握好种植的时期，避免早期现蕾开花。

在自然田园中，开花还有另外的作用。花为授粉动物如蜂提供食物，所以在田园中有花是很重要的。同时，我们要收集作物种子或让它们通过自行撒籽繁殖下去。因此，每一种植物总要留几棵让它们一直生长，开花打籽。

（五）授粉

授粉是从开花到结果的关键一步，授粉不足会造成不结果，即使结了果也坐不住，或长不大，或味道不好。授粉在自然界主要通过风（风媒花）或动物如蜂、蝴蝶、鸟（虫媒花）完成。通过风授粉的植物一般花小且不鲜艳，也没有香味和蜜腺，但它产生的花粉数量特别多。风媒花需要密集成片种植，如玉米。通过动物授粉的花一般花形比较大，颜色鲜艳，还常有芳香的气味和甜美的花蜜，从而起到招蜂引蝶的作用，蜂蝶会将一朵花的花粉带到另一朵花上去，完成授粉。在授粉动物不足的情况下，可以人工协助为授粉动物提供食物（花）和栖息地，这也是要在自然田园中种植大量开花植物的重要原因之一。

各地都有适应本地生态、以乡土花卉为食的蜂，如澳大利亚的本地蜂，个体很小，因为该地的花大多都比较小。除了欧洲蜂外，其他地方的蜂在澳大利亚不产蜜或很少产蜜，故不太被重视。其实对它们加以保护和鼓励对于园林和农业都很重要。

同一个家族（一般指介于植物的科与属之间）中的植物常常可以相互授粉。不同植物个体的相互授粉称为交叉授粉，如果它们不是同种的，其结果就是下一代和上一代不完全相同。这种情况在蔬菜，特别在芸薹属植物中较为普遍。如果对于是否是纯种比较介意，或者计划在下一代中选种、留种，那么不要将同一家族但不同种类（对于玉米，甚至是指不同品种）的植物种得太近，以免窜种。植物自行撒籽生长的，通过交叉授粉所产生的变异在一定时间后会达到一个相对稳定的状态。果树在大部分情况下子代同母本相同或者相近，所以这通常不是一个大的问题。

（六）留种

一般，只选择生长最强壮的植物作留种之用。瓜果类蔬菜还要选择靠下的部位，果形较好的留种。种子采收的时机很重要，可以让植株一直生长，让果实和种子在枝头或茎秆上变褐变老后再采摘，或在果实自然凋落前，在地上铺一层干净的纸或布来收集。瓜类和茄果类，如果在果实没有充分成熟时摘下，需将瓜体放置一段时间，待它们后熟后再取种子。种子取出后，一般放在荫处晾干后即可储存起来备用。注意：种子是有有效期的，其有效期长短因植物而异，如欧防风，其种子的有效期只有一年，故最好尽早使用。

块根、块茎类植物留种时要防止种薯带有病毒，马铃薯（土豆）病毒病、甘薯（山芋）病毒病的传染性都很强，所以要非常小心。尽量去买有合格证明的种薯或种苗。

（七）人工培育品种

为满足人类不断增长的物质需求，以提高植物的产量、改进产品品质、扩大植物的地理气候适宜性及延长种植时间等为目标，人们长期致力于植物新品种的培育。对于蔬菜瓜果而言，市场上出售的大多是人工培育品种，且越是常见的，其培育品种越多。它们的生长环境及生长季节可能与传统品种有较大的差别，所以选择新品种时，要仔细了解它们的特点和生长条件。

四、病虫草害及其防控

（一）病虫草害

田园管理中最头疼、最花时间的“三大害”就是虫害、病害和草害。

1. 虫害

对于农夫和园丁而言，害虫是素食者，它们不但吃食庄稼花草，还会传播或制造疾病，或排泄出一些化学物质来吸引其他害虫。如芽虫不但能远距离传播病原体，而且排泄出带糖的物质吸引大量蚂蚁。而益虫是荤食者，它们吃害虫，是害虫的天敌。害虫和益虫中的大多数都是昆虫，也有一些是螨类。昆虫的种类是所有动物中最多的，它们在生命周期中至少变形一次（如芽虫），即从幼虫变为成虫。不过大多数昆虫需变形两次，即从幼虫到蛹，再从蛹到成虫，如蝴蝶和甲虫。昆虫在幼虫阶段，食量远大于成虫，所以如果是害虫，它们的幼虫危害更大；而如果是益虫，它们的益处也更大。不少害虫在成年后基本没有了危害作用，如蝴蝶，它们在幼虫期大多嗜食植物叶片，有些种类还会取食花蕾，还有些种类蛀食嫩荚或幼果，但成年蝴蝶则通过为植物传播花粉而发挥正面作用。

其他类型的虫，包括土壤里的线虫，也有益虫和害虫之分。

害虫也是食物链的一部分，没有它们，就没有益虫。如果能通过益虫把害虫控制在一个合理的范围之内，就能保持生态平衡。如用胶体喷雾剂，让害虫行动受到阻碍或暂时停止活动，就能将其暴露在益虫面前，以便益虫能聚集起来，打个歼灭战。当然这需要一个时间过程，特别是在田园里某一种益虫不常见的情况下，就需要更多的时间。

害虫首先攻击的是那些脆弱有病的庄稼。这也许是自然界自我维持的一种机理，即通过摧毁脆弱有病的个体，防止它们繁殖不健康的下一代，来保证生态系统的健康稳步发展。从这点出发，假如发现田园有害虫开始聚集的征兆，表明田园生态体系开始产生问题了。在自然界，昆虫还参与许多植物的养分循环。它们吃树上的叶片，将养分转移到自己的身体中；它们死后，掉落在地上，分解后变成土壤中的养分供植物吸收利用。此外，当蔬菜果树受到害虫一定程度的攻击时，会促使它们加快产生并释放出一种抗氧化化学物质——黄酮类化合物，这有利于植物抵御疾病和衰老。因此，对于田园中出现正常数量的、危害可控的害虫的两面性要有较为深刻的认识。但是如果害虫来袭是非正常数量的，如发生蝗虫虫灾或危害性巨大的如果蝇，那就另当别论了。与人的疾病作一个类比，中医认为，人生病是发挥自我保护“功能”的一种表现，如发烧有助于杀灭侵入人体的病原体，痢疾可以将有害的细菌迅速排出体外。但是，癌症就不同了，它们的目的只是摧毁主体，蝗虫虫灾和果蝇就像植物的癌症一样。

蜗牛和鼻涕虫

田园中的蜗牛和鼻涕虫是蔬菜的大敌，却是鸭、鸟和蜥蜴的美食。自然田园里如果有蜥蜴，会对蜗牛防治起到重要的作用，但是蜥蜴在天气较暖时才活跃，因此春天防范蜗牛尤为重要。猫对蜥蜴的威胁很大，最好不要让猫进入种植区域。为防止蜗牛入侵，在园床的周边斜插一个铁片，朝外倾斜，使它们难于翻越；对于抬升的园床或花盆，可在周边贴一圈表面涂铜的宽带（铜会使它们轻微触电）。

蜗牛和鼻涕虫白天一般躲藏在阴凉处，夜间出来吃食。因为它们喜湿，所以最好减少晚间浇水。尽量避免在园床或附近为它们提供栖息的场所，如带孔的砖头、弧形的曲面等。当然，如果你能随时检查，它们会是蜗牛和鼻涕虫的陷阱。在种植床周围密密地垂直插入直径 3 厘米以上、长度 20 ~ 30 厘米的水管，也可以诱捕它们。在需要清理它们时，可以往水管里灌水促使它们往外爬动而被捕捉，同时可为园床浇水。

商业市场出售的诱饵非常有效，但对蜥蜴也是有害的，所以最好装在盒子里，在盒子的周边打上一些孔便于蜗牛和鼻涕虫进入。

2．病害

植物的病害主要是由细菌或真菌引起的。细菌性病害是由细菌侵染所致的病害，如软腐病、溃疡病、青枯病等，在高温高湿条件下容易发生。其症状是萎蔫、腐烂、穿孔，发病后期遇潮湿天气，在病害部位溢出细菌黏液，有明显恶臭味。真菌性病害是由植物病原真菌引起的病害，占植物病害的 70% ~ 80%，常见症状有霜霉、白粉、白锈、黑粉、锈粉、烟霉、黑痣等，植物染病后会出现坏死、腐烂、萎蔫。

植物得病的主要原因有先天不足（太弱或种子带有病原体）、营养不良或不平衡（如氮肥太多而其他肥料不足）、环境不适应等，也有通过其他各种途径感染的，如通过风传播感染或通过虫蝇叮咬等直接接触病原体。前三个原因相对而言较易在小范围内进行控制，如选用强壮无病原体的种子，种植适合环境、适合季节的植物，营造有机、健康、肥沃的土壤，尽可能采用覆盖和堆肥从土壤顶部添加养分，而不是采用化学肥料；改善种植条件如增加通风，减少湿气在植物周围聚集，在植物生长初期给予足够的照顾、恰当的轮作等。另外，应尽早拔除显弱相、病相的植株。

如果是后面几个原因就相对比较难控制，在应急情况下，需要喷药。有的病，如桃树的缩叶病，一旦得了就会年年出现，这就需要在刚刚开始发芽的时候喷蓝色的铜溶液（波尔多液）。对于通过空气传播的疾病，在病菌容易传播的方向，密集种植防风树作为隔离带会有所帮助。此外，还可以考虑在园床上加盖透明塑料布或网眼很小的防虫网。

对待植物得病的态度和对待发现害虫的态度应该是一样的，既然它们出现了，往往就反映出环境出现了问题，所以应从改善环境出发。而相当一部分树木的病是虫造成的，特别是根部的虫，因此治虫就是治病。

3. 草害

野草，又称杂草，一般来说有两层意思：一是指不是人为种植，而是自然长出来的草本植物，而且生长在农田里或园床上；二是指人们不想在特定的区域见到的，或者具有其他负面作用的草本、灌木，乃至木本植物（所以，野草不一定是草）。这里将两种定义混合在一起，它们的共同特点是会自行或通过鸟类等进行繁殖，其结果是难以控制的。因此，田园中或田园附近的野草要设法压制。

（二）病虫草害的防控

1. 虫害的防控

害虫的种类数不胜数，对于田园的园丁来说，最基本也是最重要的知识是认识害虫的食性，即它们吃的是植物的哪一部分。对于同一食性的虫害的防控方法基本相同或相似。

食叶害虫　食叶害虫的种类有很多，从昆虫类，到蜗牛和鼻涕虫，到鸟类，再到鼠类都有。昆虫中以幼虫为害的主要是毛毛虫（蝴蝶的幼虫），以成虫为害的有蚂蚱、地蜈蚣等。植物出现这类虫害的症状是叶片中间被啃得千疮百孔，边缘有锯齿状，地上有啃下的残片碎叶。它们对幼苗的危害尤为严重，所以要优先防控。成年的蝴蝶，特别是菜粉蝶，也会对植物造成轻微伤害，更严重的是它们会在蔬菜上产卵，就地孵化出下一代毛毛虫，所以也要注意防控。

果蝇

果蝇会攻击任何软皮的水果和蔬菜。它们会潜入瓜果核心，致使整个果实因腐烂而掉落。

在自然田园中，应加强警觉和预防。掉落的水果要及时清除，或者将它们喂鸡，或者将它们放在密封的塑料袋中，或沉到水桶底浸泡直到水果彻底腐烂。

在已知有果蝇频繁活动的地区，要尽量避免种植早熟的果树，如枇杷，它们会吸引果蝇并影响后熟的水果。对于晚熟的品种，如枸杞、无花果等也要特别注意，如果果蝇繁殖，会影响周围的冬季水果，如柑橘类。晚季水果如果有两个月的无果蝇间隔就比较安全了。

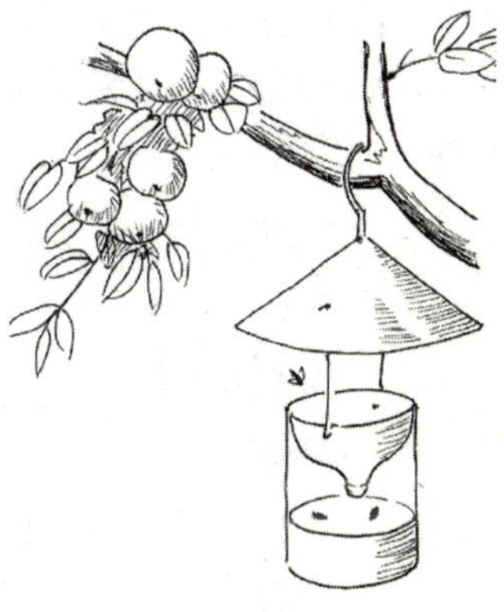
图 2.20　果蝇陷阱

设计果蝇陷阱（图 2.20），自制生姜啤酒作为诱饵：将 1 升水烧开，加入一片柠檬，一杯红糖，待凉到微温时，抓一点酵母后装瓶，放一两天后可用。将一个软塑料瓶从肩部剪开，将上部反向插到另一半中，在上部用胶带粘结实。从原瓶口倒入生姜啤酒，在果蝇还未出现时就将整个装置悬挂在果树枝上，因为果蝇需要一周左右的时间盘旋，而后再交配产卵，所以要在这之前请它们喝啤酒。

>>> 防控方法：阻止它们进入是防控的第一步，也是最重要的一步。可采用防鸟网、防虫网等，也可为幼苗套上去底的透明塑料瓶（如果在顶部的出口处加盖滤布就更有效了）；鼓励益虫、益鸟在田园聚集栖息，鸭子对蜗牛和鼻涕虫有很好的控制作用；可喷洒胶状液体，暂时黏住害虫，等候益鸟捕食；也可使用生物农药。

吸汁害虫　吸汁害虫有蚜虫、甲虫、蝉、叶蝉、螨虫、介壳虫、蓟马（即牧草虫）等。它们会吸食叶片或枝条（特别是新枝）里面的树汁。植物出现这类虫害的症状是叶片被吃得只剩叶脉，边缘呈褐色或杂色，或卷曲或发皱；新枝可能会快速枯萎死亡。它们的排泄物因含糖而吸引蚂蚁，触发烟霉菌等病菌繁殖。

>>> 防控方法：鼓励益虫、益鸟在田园聚集栖息；清理树下的野草，及时打扫落果及还挂在树上的过熟的或已经腐烂的果实；用胶状喷液窒息吸汁害虫，在

寒冷的季节可以用油质喷液，它们能够杀死介壳虫。

穿孔虫 主要危害乔木或灌木，它们吃树枝，并钻孔。植物出现这类虫害的症状是树枝上有孔，地上有木屑，被取食的树枝会突然死亡。但是，穿孔虫主要攻击目标为开始衰老的树木，这也能帮助你认清哪些树木已经过了壮年期。

>>> 防控方法：鼓励大型益鸟，如喜鹊、啄木鸟等进入田园；用铁丝将虫子挑出来，将虫孔堵塞或注入桉树油与肥皂水的混合物；控制穿孔虫的蛹、喷洒波尔多液铜制剂或涂上混合桉树油和木灰制成的涂漆等。

食果（心）害虫 大多是一些水果的食心蛀虫，包括果蝇，也有一些是蛾。它们的危害很大，常使得果实变形、腐烂、早落，并使它们的籽失去繁殖功能。

>>> 防控方法：由于这些害虫都会在果实中繁殖，所以除了常规的防治方法外，及时清理受害的果实是最重要的措施。鸡和猪在打扫落果方面可以发挥很好的作用（图 2. 21）。

图 2. 21 让鸡或猪参与清理落果

2. 病害的防控

细菌或真菌病害 植物感染细菌或真菌，症状大多是叶片有斑点或看上去很脏，植株萎蔫、坏死，果实腐烂。

>>> 防控方法：改善种植环境，采用合适的覆盖物，通风且尽量保持叶片干燥；在生长季节后期清理枯死的植物；如果果实腐烂，要进行疏果，适当地减少果实的数量；在受感染的叶片和果子上喷洒春黄菊茶，每周一次，在病情高发期

或雨季喷洒频率更高些；偶尔可以喷洒波尔多液，但不可太勤（因为它也会杀死益虫），主要在老叶上或在植物的休眠期间使用。

3. 草害的防控

>>> 防控方法：选择性除草剂适用于稻麦、玉米等单子叶作物；利用植物抑制野草，免耕免翻，以防止野草的种子深入土壤；对于根系庞大的野草，只需将叶片剪去，然后填一张湿纸，将覆盖物连同剪下的野草叶压在上面（有根状茎的除外）；对于根系掠夺性大、竞争能力很强的野草，如单子叶的草类，以及会长得太大并压倒或遮盖周边农作物的野草要优先进行控制。

如果菜园果林附近有草地（包括人工草坪），就要设法抑制野草，以防野草入侵菜果园。有的树篱植物，如深根的柠檬草、紫草等对于野草有较强的阻挡能力。一些根系很长很密的植物，如百子莲或美人蕉、洋姜，甚至麦冬（一种装饰性很强的草，耐阴，源自中国）等，对于阻挡野草也很有效。

4. 病虫草害的物理防控——土壤暴晒

土壤暴晒是指将透明塑料布或深色塑料布铺盖在种植床上，利用高温杀死土壤中的野草、害虫（主要是以土壤为载体的害虫）及病原体的一种物理消毒方法。土壤暴晒需在一年中最热的季节进行，且晴天越多越好。这个过程一般需要4～6周。由于一年之中最热的季节通常是生长季节，所以对于生长季节长的热带或亚热带，常常是在两茬作物间隔期进行土壤暴晒。对于高纬度生长季短的地区，覆膜暴晒的代价太大。但由于覆膜可以为土壤增温，因此自播种前到出苗后，都可以使用薄膜覆盖技术（但不是暴晒）。

在实施暴晒前，先清理土壤中的植物，将多年生野草割到与地面齐平，表面越平越好（柔软的野草可以不用管），这样塑料布可以和土壤表面紧密接触。然后将土壤浇透，铺上塑料布，并在四周用重物压死。由于土壤有热传导作用，为了有效阻止热量从土壤中向外逃逸，除四周围起来的抬升园床外，铺盖的面积要尽可能大一些。

采用透明塑料布和深色塑料布的原理有些区别。前者是让阳光直接照射到土壤中，单纯用热量消灭病虫草害。如果太阳辐射强度不足，土壤增温不够，非但杀不死野草，反而会使野草长得更快更大；对于虫害及病原体，也会有类似的反作用。而使用深色塑料布覆盖，除了利用热量外，可让野草见不到阳光，不能进行光合作用，饥饿致亡。

暴晒的过程同时加快了土壤中有机物的分解，由此增加了土壤中可利用的矿质养分。

五、其他因素引起的植物生长异常及其防控

病虫草害以外的植物生长异常大多是由某个或某几个环境因子不适引起的（图 2.22）。

图 2.22　暴风雨气候下的景观（凡・高作品）

注：这种气候一定会对庄稼和果树造成危害，可采取适当的防护，如种植挡风林等。

（一）叶片发黄及其防控

叶片发黄是指植物叶片未到生长寿命就发黄的现象。其原因很多，如缺乏某种营养素、水分太多或缺少、天气太冷、接触到除草剂、烂根等。最常见的原因是缺乏某种营养元素。植物不同元素的缺乏症状是不同的：如果老叶发黄而新叶正常，一般是缺氮（N）肥，或者是缺少微量元素镁（Mg）；如果新叶先发黄，一般是缺铁（Fe）或锰（Mn）元素；缺金属元素的症状是叶片不均匀变色，而叶脉仍有较深绿的颜色。

>>> 防控方法：养分缺乏可以通过采用高质量的堆肥和覆盖来解决，同时每周喷洒一次沤肥直到症状消失。但是有时候缺铁症不一定是土壤中真的缺少铁元素，而是由于土壤 pH 值太高，如果调节好土壤的酸碱度，则缺铁症自然消失。如果所有叶片都变黄，则可能是水分问题，要通过农田排灌来解决。

（二）不正常掉叶及其防控

上面提到的缺乏某种营养素、天气太冷、水分太多或太少等问题都会造成植物的不正常落叶，往往在叶片变黄以后发生。此外，植物缺少阳光也会出现这种现象。

>>> 防控方法：保证充足的光照；如果是因为缺水、缺营养素、缺金属元素，则防控方法同叶片发黄。

（三）不结果或早落果及其防控

果树只有到了物候期，生理条件具备且环境条件也都满足时才会开花结果。梨树、柿子树等果树一般要等 3 ～ 5 年才会开花结果。开花后不结果或过早落果就属于坐果异常，其原因很多。首先是气候影响，如霜冻、大风冰雹等不良气候环境会影响结果。其次是授粉，将地上的落果打开，如果无籽，或籽少，或籽形状不整，表明授粉不足。

>>> 防控方法：如果雌雄异株，要检查是否有过嫁接，或者开雌花和雄花的植株是否都存在，并且它们在有效距离之内；为授粉动物提供食物和栖所；加强病虫害防治。

（四）烂根及其防控

很多原因会造成烂根，除土壤排水不畅这一常见原因外，蛆、蛴螬等害虫也是原因之一。其症状是植物自上而下变黄或突然枯死，摇晃树干时可以感觉树木晃动。

>>> 防控方法：临时的方法是将树砍枝，并进行叶面喷肥，同时改善土壤的排水条件；广泛采用堆肥，因为堆肥能防止树木烂根。据报道，以合欢树类的树皮为覆盖材料对防治烂根很有效，可以将两份苜蓿干草混合一份合欢树皮，再撒入一些岩石磷粉作为覆盖物。要特别注意是，烂根是会扩散的，所以必要时应将病树挖出，并将周围的土壤清理干净。

（五）生长不良及其防控

植物本身的遗传特性、环境条件和病虫草害都能影响植物的生长发育，与野草、高大植物或相克植物的竞争失败，也是植物生长不良的一个原因。

>>> 防控方法：改善植物生长的环境，有效控制病虫害，压制野草。

六、防虫杀菌的有机自制喷液

在工业社会里，人们自然会用“科学”或工业的方法来应对出现的各种各样的问题，因此针对植物病虫草害的杀虫剂、杀菌剂、杀草剂应运而生。在研制和应用的初期，人们最关注的自然是效果，至于它们的副作用，包括对环境和其他元素的负面影响，它们所打击的对象是否会通过变异而产生抗性，如产生超级细菌、超级昆虫等，在随后的日子里才渐渐被发现。不可否认，随着不断从失误中得到教训，随着技术的不断进步，工业制剂的副作用似乎也在减少，但是新问题也在不断地产生。如流行的除草剂草甘膦，号称遇土壤就分解、无残留物较长期存留于土壤中，但近来却有报道指出已在土壤中检出了它的残留物。

在自然田园中，化学制剂是不允许使用的，取而代之的是针对病菌和害虫的有机喷液，而且只在必要的时候才用。“必要的时候”可以理解为病虫草害的严重程度超出当地生态体系的正常控制能力范围，不立刻加以人为干涉就会扩散蔓延，造成更加严重的后果，也更加难以控制。下面介绍几种常用的有机喷液。

（一）沤肥喷液

以海藻为基础的液体肥和堆肥茶都有增强植物抵御病虫害的能力，并增强因环境的压力造成的震荡的恢复能力。

制法：制法与沤肥相似，但因为是喷液，所以不能加堆肥和厩肥。在水里加入下列物质，多多益善：海带、紫草叶、荨麻、春黄菊、伊乐藻、大蒜梗、苜蓿、欧蓍草、麻木黄、马尾草、山葵叶等。

（二）堆肥喷液

与沤肥喷液的作用相似，只是材料已经过堆肥。需要采用高质量的堆肥，材料中尽可能加入紫草、春黄菊、香葱或黑合欢树的树皮。

制法：将堆肥放入底部有出水口的器皿，如废旧的澡盆，将水倒入堆肥，将淋滤下来的水稀释到淡褐色即可。

（三）胶体喷液

目的是黏住害虫，减弱它们的行动能力，同时阻止它们继续吞食植物和产卵，并吸引益虫前来捕食。

制法：将一杯面粉用一杯开水调开后，加冷水稀释，直到喷液可以用喷雾器喷出来为止。使用后需立即清洗喷雾器，以免凝结成块造成堵塞。加入脱脂牛奶，可以更有效地应用于蚜虫、豆蝇和红蜘蛛、螨虫等吸汁害虫。也可以将纯的黏土用水调和后，

防病防虫的小窍门

- 将面粉轻洒在洋白菜上，以防毛虫。
- 用春黄菊茶喷洒，以防果实腐烂、枯萎和白粉病。
- 将硬木的锯木屑浸泡在浓的糖水或糖蜜中，堆放在植苗周围的土壤里，糖蛾会因为贪食而脱水身亡。

进行喷洒。喷洒后的第一次降雨会将其冲淋。

这种喷液有较大的黏性，所以最好有一个带手动增压的喷雾器。

（四）白油喷液

作用和胶体喷液相似，主要是让软体害虫，如蚜虫、螨虫及它们的卵窒息而亡。在冬天使用效果更好。市场上有类似的制品出售，效果要比自制的好。

制法：将一杯菜油（可以是用过的）或矿物油（从石油中提炼出来的低级产品）和1/4杯洗盘子用的不含漂白剂的肥皂液混合，在玻璃瓶中摇匀即可。

使用时取一汤匙喷液，用4杯（1升）水稀释，在叶片的上下两面喷洒。一旦用水稀释，必须马上使用。注意，当温度超过24 ℃时，该喷液容易烧伤新叶和花瓣。

（五）奶质喷液

主要是利用动物奶中的EM菌去治愈植物叶片上因菌类感染所致的疾病。有试验结果表明，奶质喷液对霜霉病效果最好，其次是黑点病和白粉病。

制法：将九杯水、一杯全脂奶（动物奶以含油脂高的羊奶、骆驼奶或牦牛奶最好）和一汤匙小苏打混合，混合均匀后应立即使用。

（六）大蒜喷液

与白油喷液相似，只是加入了大蒜，大蒜是给食叶和吸汁的害虫吃的。其杀虫效果比较难以预测，有时非常有效，有时效果却不太明显，这可能与它们是否真的被虫子吃食有关。

制法：将85克左右的大蒜切碎，浸泡在两汤匙矿物油中一昼夜，将7克肥皂溶化在600毫升的水中，然后将两者在玻璃瓶中混合，放置在蔽光处。使用时先用10倍的水稀释，如效果不明显，下次喷洒前可稍提高一些浓度。

（七）除虫菊喷液

使用范围广泛，有一系列的商业制品，属有机产品，对人体没有危害，但有些人接触后会皮肤过敏。但它也能杀死益虫，所以最好在夜间使用，以免误伤蜜蜂和其他益虫。喷洒后喷液在阳光下快则几个小时分解，慢则需要几天。

制法：在除虫菊开花之前摘下，晾干，加入烧酒或其他酒精溶液、矿物油或者桉树油，直到盖过干花；摇匀，再加入三倍体积的热水，然后立刻盖严，放凉，藏于凉快蔽光处。

需要时打开取出液体使用即可。

（八）波尔多喷液

波尔多液（Bordeaux）是使用最广的传统杀菌剂，虽然以无机化合物硫酸铜为主要成分，但仍然被认为是有机喷液。波尔多液对寄生的细菌和真菌均具有很强的杀伤力，而且与现代常见的杀菌剂不同，目前尚未发现病原体会变异而对它产生抗性。它的另一个特性是有较强的黏性，下雨也不会轻易被冲刷掉。

虽然有大量商业产品出售，但它们和传统的波尔多液不太一样，所以有条件的话，最好还是自制。自制产品要在一小时内使用，否则里面的混合物会分离，失去黏性，而且对植物有害。注意，波尔多液不可频繁使用，因为铜有毒性，当铜被冲刷到土壤后会影响土壤中的微生物。但这种不利的影响会随着土壤中的有机质，特别是腐殖质的增加而减轻。另外，波尔多喷液也会杀死益虫，如果需要对一片树林进行喷洒，最好不要地毯式地喷洒，而是要呈跳跃式，这样益虫有机会从受喷洒的树转移到相邻安全的树上。再过十天半月，喷洒另外一半即可。

制法：在非金属（如玻璃、瓷器）容器中倒入6.5升冷水，加入90克硫酸铜，使之溶解（如有颗粒则需要搅拌）。在另一个非金属容器中倒入2.5升冷水，加入125克熟石灰。如果有残渣溶解不了，就过滤一下，以免堵塞喷雾器的嘴，然后将两者倒在一起，搅匀。硫酸铜越细越易溶；熟石灰需选择刚启封的（暴露大气后无效且有害）。

由于材料的纯度不一，需要将混合后的液体试验一下，看里面的硫酸铜是否完全被中和，否则，剩余的硫酸铜呈酸性，会伤害植物。检验方法是将一颗旧铁钉放入溶液中，等半分钟，如果铁钉变成蓝色，则表示硫酸铜还没有被完全中和，需要再加一点熟石灰。

如果将水减半，则混合物具有较强的黏性，可以用作涂料，涂在新暴露的树枝的截面上，如整枝清理后的伤疤、切枝的断面等。

七、植物种群和群落生态

（一）植物群落演替

上面介绍了植物的个体生态，事实上自然界中的植物一般是以群落（不同种群的集合）的形式存在的，很少有植物以单一种群独立生长。在自然生态系统中，植被是按照一定的规律演化的，一种生物按照一定的规律被另一种生物取代的过程，称为生态演替或群落演替。一块完全荒芜的土地（如废弃多时的农场，被火彻底烧毁的山林）上，通常先长出一年生或者越年生（二年生）的，生长季短、喜阳光的野草，然后是多年生草本植物（其中包含许多被称为先锋植物的固氮类植物）逐渐定居并占据优势地位。若在草原地带，这个群落将恢复到原生草原群落；若处于森林地带，温度和雨水条件充沛，它将进一步产生小灌木、大灌木，小乔木、大乔木，最后形成以木本植物为优势，并与耐阴的草本共存的森林群落。从景观组合上看，大体可以分为六个阶段：荒地——一年生和多年生的“草地”—点状无规则散布的小灌木—临时灌木丛—小树林—成熟的森林。而后或许园子荒芜，或被烧毁，这样演替又进入一个新的循环。这个自然循环所需要的时间不定，如果是开始于完全没有生长过植被且没有任何植物繁殖体存在的裸地上的原生演替，则演替的时间会很长，最短可能要二三百年。而如果是开始于有过植被并在土壤或基质中保留有植物繁殖体的裸地上的次生演替，需要的年限则会较短（图 2. 23）。

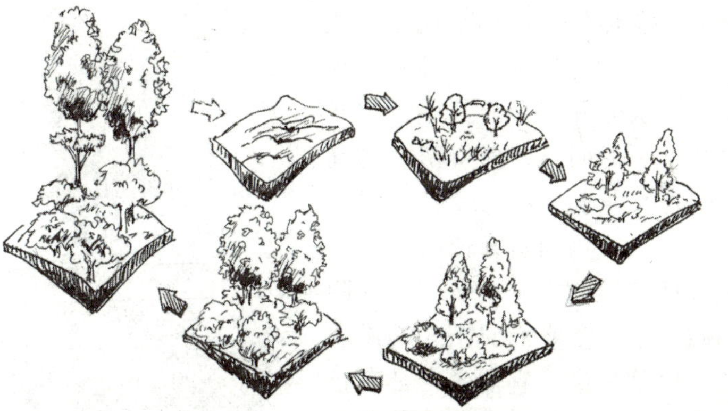

图 2. 23　自然生态环境的演化

自然界的植被生态系统在大范围尺度内也遵循相似的演替过程，但是由于体积太大，速度很慢，以至于每一个区域好像一直停留在某一个阶段上。这些区域可以依据树木所占的比例，大致分为草原、森林草原和森林三大类型（图 2. 24）。

森林草原是草原向森林的过渡类型。现在在很多国家，森林草原已经很少有了，它们全都被开发成了农田，原因是这些地区既有肥沃的土壤（得益于森林），又有较为平坦的地形。现在人们又反过来重新认识了这种生态类型的价值，

图 2.24　主要生态类型

进而发展出农业和林业混合的农业形态，叫农林学或混农林业（agro-forestry）。在这里，树木不仅起改善土壤的作用，而且还起到创造小气候、为动物提供栖所、生产有经济价值的产品等作用。在自然田园方法中，也将乔木和灌木设计运用到以菜园为主要特征的田园中。

成熟的森林在不同的气候带呈现出的景象差别很大。在热带、亚热带地区，植物种类多，森林结构比较复杂，各种植物相互竞争阳光、水分和养分。其中，阳光的竞争在景观上更为明显，使得植物的高低由它们对阳光的需求决定。最需要阳光的植物长得最高，成为树盖，依次往下是灌木、草本和地被植物，它们所获得的阳光按顺序递减，事实上它们对阳光的需求也依次递减。也就是说，它们各自都有自己合适的生态位。在气候比较寒冷的温带或寒带，植被所能利用的阳光和热量相对较少，植物也不具有在热带和亚热带那样的多样性，层次结构比较简单，通常被少数几种树木（如落叶树或松柏杉类）所主导，但森林里的多样性和成层结构（图 2.25）还是存在的。

图 2.25　长有常青藤的树藤（凡·高作品）

注：藤在森林中构成独特的“层”。异常发育的藤层会将一片森林变成“雨林”，届时树下其他矮一些的植物能够利用的阳光更加有限。

对于养分和水分的竞争，在根系结构（特别是根深）相近的植物之间会很激烈。

反之，则相对平和。根系结构不同的植物分别吸取不同深度的养分和水分，而且深根植物会将深部的养分带到浅部被浅根植物所利用。此外，它们所需要的养分也会有所不同，有的偏爱酸性环境，有的偏爱碱性环境。

物种多样性和结构复杂性在提高生态系统的稳定性中所发挥的作用越来越受到人类的重视。除了创造小气候外，它们还有两方面的作用：一是即使种类相差较大的树木的根系也可以连接在一起；二是真菌在地下结成网络，为树木之间的养分（可能还有其他化学物质）交换提供通道。树木之间通过这两个（可能还会有其他更多的）渠道进行养分交换，从而提高它们共同抵御环境压力的能力，增强生态系统的整体稳定性。同理，除了竞争光照、水分和养分外，还存在其他竞争的植物，很难在自然界长期和谐共存，经过竞争后会决定谁可以生存，谁将被淘汰。

有些植物通过根或叶（如桉树新落的树叶会妨碍蔬菜的生长）释放出化学物来抑制其他植物的生长，这种化学物叫作化感物。这种抑制作用不单单存在于不同种植物之间，在同种植物之间也存在。如棕榈树在母树活着的时候，子树很难长出土，一旦母树死亡，其周围会同时窜出很多小树，经过竞争只有极少数能够长大。相互妨碍的植物组合称为“相克”植物；相反，互相帮衬的植物组合称为“相生”植物。

在自然田园中，模仿自然森林的物种多样性和结构复杂性（层状结构），尽量利用互利性，避开竞争和相克，来构建食物园林。简言之，我们要种植的是“相生”的植物组合，而不是单一植物。

（二）植物种间相生相克

长久以来，人们一直试图总结植物之间的互惠或互害关系，也就是相生相克关系，并积累了大量的知识，但由于种种原因，很多陈述没有被普遍接受，或是相互有矛盾。笔者认为，这与相生相克关系（表2.1）的机理未被充分揭示、应用条件没有得到充分总结有关。事实上，相生相克的产生有一部分内在的原因，另有很大一部分外在因素的影响，或与种植环境有关。所谓内在的原因，主要是指它们相互释放的化学物质可促进或阻碍对方的发展，或者有利于或不利于双方的养分交换。植物相克的主要内在机制是某一植物通过释放所谓的“化感作用化合物”来压制其他植物的生长发育。而植物相克的外在影响因素，主要就是对阳光、水分和养分的竞争。相生植物之间或许是通过真菌或根系的相互连接进行养分分享，但是即使存在这种关系，还可能与其他因素有关系，特别是作用距离。自然田园中，更看重的是植物之间诸多的外在互惠关系，如帮助对方驱虫（通过吸引益虫或散发特殊气味），帮助对方藏匿（免于被害虫吞食）、压制野草、遮阴、支撑、挡风、提供覆盖等，还要考虑不同植物之间的交叉授粉，这或有利（有利于果实的生长）或有弊（下一代会和上一代有差异）。

表 2.1　植物相生相克的案例

植物	相生	相克
四季豆	甘蓝、玉米、土豆	气味浓郁的香草，如大蒜、葱、茴香、韭菜
圆白菜	菜豆、大部分香草、黄瓜、土豆	大蒜、西红柿
土豆	菜豆、甘蓝、玉米	黄瓜、芹菜
西红柿	甘蓝、红萝卜、芹菜、草莓	土豆、白萝卜、茴香、甜菜
莴苣	菜豆、红萝卜、黄瓜、葱	香芹
南瓜	玉米	土豆
白萝卜	红萝卜、玉米、黄瓜、莴苣	

对于外在因素造成的相生相克植物，相对的种植时间顺序非常重要，而且要考虑它们的生长速度。如玉米—菜豆—南瓜组成的墨西哥“三姐妹”组合中，玉米为菜豆提供支撑，菜豆通过固氮作用提供养分，而南瓜用来压制野草，保持湿气。既然玉米要为菜豆提供支撑，所以只有当玉米长到一定高度时，才能将菜豆种下去，否则不但起不到预期效果，茂盛的菜豆叶片可能还会遮住玉米的苗，影响玉米的生长。而南瓜只有等玉米长到一定高度（一米左右），菜豆已经爬上玉米秆后，才容许它的藤在中间穿行，起到地被植物的作用，同时不妨碍玉米和菜豆的生长。

（三）植物依赖群

前面提到的墨西哥“三姐妹”中已经涉及两种以上的植物关系，这种多种植物相互依赖的有利的群体组合是对植物相生的扩展，这里称之为“植物依赖群”，英文是 guild。自然田园的目标是运用植物依赖群的概念来指导目标植物的选择和种植。

西方菜园里另一个常见的“三姐妹”组合是胡萝卜—洋葱—绿叶菜，它们也是西方食用最多的三种蔬菜。胡萝卜和洋葱根系不同，而所需土壤相近，所以既可相安无事，又便于统一管理。洋葱可以为胡萝卜驱赶胡萝卜蝇（不过洋葱要种植两倍于胡萝卜的量，而且只有当洋葱的植株尚在生长的时候才起作用）。绿叶菜生长快，能迅速填补不必要的空隙。但是在组合中，最好加入能够驱赶其他害虫的植物，因为“三姐妹”长得都比较矮小，新成员个头可高一些，以增加害虫飞行寻食的难度。迷迭香是一个很好的选择，而且它是多年生植物。此外，豌豆也是不错的选择，正好可以提供氮肥，而且豌豆和胡萝卜是相生的，但是一般认为豌豆和洋葱是相克的，所以可以将豌豆种在靠胡萝卜的一侧而远离洋葱。

传统植物相生作用和偏利作用

胡萝卜和洋葱：洋葱为胡萝卜驱赶胡萝卜蚜虫，而胡萝卜帮助洋葱减少洋葱蛆（互惠作用）。

洋葱（大蒜）和莴苣：在莴苣等色拉菜床的周边种一圈洋葱或大蒜，用它们的气味来驱赶蜗牛和鼻涕虫。

洋葱和三色紫罗兰：紫罗兰为洋葱压制野草。

罗勒和西红柿：罗勒不但能减缓蚜虫对西红柿的骚扰，而且可以做西红柿的配料。

南瓜和水萝卜：在南瓜周围种植水萝卜，可以减少南瓜甲虫对南瓜的危害。

洋白菜和旱金莲：这里旱金莲是牺牲植物，它将菜蝶及其幼虫引向自己，同时防治蚜虫。

近来植物依赖群在果树林中得到越来越广泛的应用，使传统的果园有了新的面貌，从而产生一个新名词——食物林。相对于传统果园较为整齐的布局和较为单一的种植方法，食物林采用植物依赖群的种植方法，其目的除了让植物之间建立相互依赖的生态环境，以便增强自我管理能力外，还能提高植物的种植密度，使林间高度配置更合理，提高阳光利用率。特别是在自然田园里，常采用植物依赖群来建立有利的微气候环境，尤其是创造一个温暖、无霜且避风的种植环境（图 2. 26）。

图 2. 26　果树林的层状结构示意图

第三章 田园植物的种植

田园植物的种植与大田作物及其他植物最大的区别是，在田园和花园中，常将种植植物尤其是蔬菜植物的田块抬升，故也将植物的立足之地叫作种植床或者园床。在自然田园中，种植床的养分补充主要依靠覆盖。很多情况下，园床覆盖物中有机物的腐熟过程与植物（包括根）的成长过程是同步进行的，它们之间的相对速度是有关联的，甚至有时候这种关系对植物生长来说很重要，因此，园床的覆盖管理是田园植物健康成长的基础。

本章介绍常见的自然田园蔬菜种植床的形式、制作和培肥的方法，常见的蔬菜管护措施和轮作方法，果园、香草、花卉及食用菌菇的种植方法，以及田园中动植物的关系。

一、蔬菜的种植

（一）园床

1. 园床的类型

自然田园中常用的园床类型很多，这些不同类型的园床也可以随时间和种植目的而转化。

■ 抬升床（垄）

抬升床，通常称为垄，是指高出地面的田块。起垄的好处有很多，除了田间作业时可以减少弯腰外，还与其他区域隔离，可防止野草入侵和病害的传播与流行。因为抬升床比周围的地面要高，所以不容易积水，但同时也意味着床内土壤中的水分容易流失。因此，根据当地的降水分布和人工浇水情况，选择合适的抬升高度很关键。一般来说，从易于排水的角度看，抬高 25 厘米即可，但是如果土壤的黏性特别大（黏粒含量高），可以适当增加高度。如果想降低劳动强度，园床高度可以增至60厘米。需要注意的是，垄上的水排到地面后要确保能顺畅地流出。

在某些情况下，垄的四周可以用其他材料围起来，以提高土壤的稳定性和保水性能。如果垄的四周用不透水的材料，如铁皮、大块木板等固定遮挡，或垄底部垫上不透水的布，则其排水性能完全丧失，而保水性能提高。如果采用做过防虫处理的木板固定则要非常小心，它们可能会含有有害的化学成分，要避免与蔬菜直接接触，最好不要使用。但若无其他选择时，可以在木板和土壤接触的一面垫上一层塑料布，甚至可用打包宽带将塑料布钉在木板上。

抬升床在特殊的干旱情况下可以通过床间过道（垄沟）给园床浇水。这时，需要将床间过道的排水口密封，然后将水放入或抽入垄沟并达一定高度，让水从过道渗透到园床。结束后，将垄沟内的水排放回水源，如排回池塘中。

抬升床的另一特点是太阳能照射到的面积因床的隆起而增大，所以白天土壤温度高，有利于促进植物发芽和生长，但是夜间温度散失也快，使得抬升床的昼夜温差增大。在温带和寒带，园床的保温非常重要。可用的方法有选择热容量比较大的物质，如砖、石块等作为围床材料，或在床的四周增加一个保暖层，如放置一圈秸秆，或者放置一圈装满水的啤酒瓶。

■ 双开掘床

双开掘床是西方常用的一种开垦方法，主要用于开垦处女地或荒芜已久的土地，或被严重压实的土壤。这是一种常规的精耕方法，其主要目的是松土和清除野草。

双开掘床较为简便的处理方法是，一边后退，一边用铁锹将土壤一锹一锹按顺序挖出放在旁边（图3.1），先挖出第一条沟，再将沟底的土壤用叉子就地疏松一下。然后，在第一条沟的旁边挖第二条沟，但这次挖出来的土要翻过来，堆放在第一条沟中。依此类推，在最后一条沟中，填上第一条沟中挖出的土。这种方法也就是将顶层（一个铲的深度）的泥土平移了一把铁锹的宽度，然后将下层泥土疏松。在整个过程中，新翻耕过的土不能被踩踏（图3.2）。双开掘床与常规翻地相似却又不同，劳作更加的烦琐，但二者都能实现开垦松土的目的。

双开掘床可以在短期内见到改土的效果，只是比较耗费人工。虽然这一方法不是自然田园自创的方法，但是在有限的范围内还是可以采用的。

图 3.1　耕地者（凡·高作品）

注：这位耕地者一只脚踩在已经挖掘过的土壤里，这样的情况最好能避免。

图 3.2　双开掘床

■ 厚土栽培床

厚土栽培床又称面状覆盖，是用有机原料分层堆积形成的隆起的园床。厚土栽培床作业所需时间短，肥力持续久。种植了若干季后，有机物都腐熟变成土壤，这个床就变成了普通的抬升园床。

厚土栽培床的做法很灵活，这里给出的只是其中的一种方法，所采用的原始物质也可以用其他类似物代替。在一片"荒地"上，先将表面的植物砍去，将特别强壮的多年生深根野草如蒲公英等挖掘出来，堆积在地表。再撒上一些骨粉（骨粉是常用的商业有机肥料，含氮量较高，主要由动物的肢体制成，易被其它动物刨出来吃掉），以及烂叶、厨余或草坪上割下来的草。然后盖上湿报纸（或旧地毯、旧布）等会腐烂的物质（它们之间至少需要有 10 ～15 厘米的重叠），可以在上面压一些野草或草屑，让下层的有机物在土壤生物的作用下分解。一段时间后，移除盖在表面的野草或草屑，再分层铺上 5 ~7 厘米厚的秸秆及 3 ~5 厘米厚的堆肥、5 厘米厚的苜蓿、3 厘米厚的厩肥、3 厘米厚的苜蓿。如果需要种植小种子植物，最上面还需铺上 5 厘米的种植介质；反之，如果只是种植大颗粒种子、块根植物或树苗，就直接铺上粗粝的覆盖物（木片、木屑等），在要种植的地方挖一个坑，填上介质和堆肥，然后将种子播入或将苗栽入其中。这样制成的栽培床，报纸层以上的介质中都没有野草（图 3.3）。

图 3.3　厚土栽培

厚土栽培床宜在春天或秋天使用。那时土壤比较温暖，野草长势较弱。铺好后，可以立刻种植，或放置一年后再进行种植。土豆（马铃薯）需要种在报纸下层，方法是将铺好的覆盖物拨开，将底下的报纸戳一个 X 形的口子，把种薯埋下，上面盖一张湿报纸，再将覆盖物放回。如果种植绿叶菜，只须在覆盖层中进行，将覆盖物拨开来，放入一小桶腐熟的堆肥或其他种植介质，将菜苗种在上面，再将覆盖物放回。如果种植较大的花盆装载的树苗或多年生草本，则最好先种后铺报纸，然后再加盖覆盖物。在种植时，放置后原盆栽土的表面要稍高于地面，在其周围铺上覆盖物确保与原盆栽表面齐平。

图 3.4　Hugelkultur 土堆床

有一个以德文命名的、与厚土栽培床类似的园床，叫 Hugelkultur（德语，意思是“土堆”）床（图 3.4）。它是将上述的有机物质以相似的次序堆在一个大树干上或一堆树枝上形成的。这个设计的初衷是为了在清理林地后，就地处理那些木料。木料随着时间的延长分解腐烂时，发出的热量可以善加利用，同时提供有机物。这种设计比较适合应用在人为修建的起伏的地形上。需要注意的是，这种土堆可能不是很坚固，不能放在水流路线附近。

■ 压草垫

压草垫是为了阻止野草生长在土壤上面覆盖的一层透水材料。除了不具备提供养分和造土的功能，它可起到覆盖物的大部分作用。压草垫可以是非有机材料的，但必须编织成透水、透气的形式。在自然或有机田园里，只要不将塑料布等不可降解的材料遗忘在田野里，也是完全可以采用的。事实上，由于这类不可降解的材料可以重复使用，因而更环保，更具可持续性。在园床上压草垫不是很雅观，可以在上面加一层草屑等来遮盖，同时草屑还起到覆盖的功能。这种园床适合种植个体较大的植物，但某些植物，特别是块根植物如胡萝卜和紫菜头，以及块茎植物马铃薯等在这种园床里生长情况可能较差。那些个体小且密集种植的植物，如洋葱和菠菜等也不适合种植在这样的园床里。此外，采用压草垫时不能同时种植活体覆盖物。

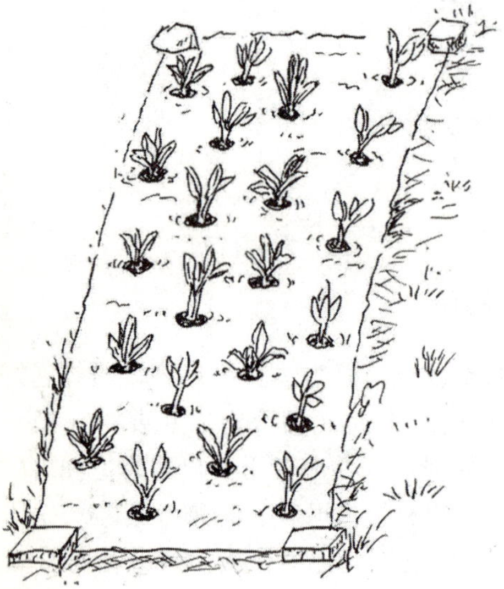

图 3.5　压草垫床

种植方法：在现有的园床、草坪或野地上铺上压草垫，四周压上重物以防被风吹走（图 3.5）。在要种植的位置割一个小孔，在孔下的土里掏一个坑，垫上腐熟的堆肥或介质，然后播种或移苗。待植物长大后，可以将切口相应扩大。当长大的植物可将垫子固定住时，可以将重物拿走，但四周仍需压住。自始至终要防止野草从垫子底下侵入，特别是当它们直接和草坪接触时。随时清除从压草垫孔中长出的野草。

植物种植在压草垫上，由于无野草竞争，土壤湿度大，因此可以比平常种得更密一些，当然养分也要相应增加。但不要施化肥，可以将鸡粪等撒在压草垫上，水会将养分带到土壤里。刚开始种植时，要注意提供足够的养分，如每周用沤肥喷叶一次。随后，压草垫下土壤的肥力会随着野草的腐烂慢慢增加，但是一年或一两季后，野草会被消耗殆尽，原本压实的土壤，也会变得相对疏松。这时，可以将垫子掀去，将土壤稍作整理后种植其他不宜在压草垫里种植的蔬菜，如胡萝卜和紫菜头。土壤在垫子下面终究达不到理想的状态，土壤中生命体的活动也会受到妨碍，土质慢慢变得紧实，所以最多两季后就需要将它们掀掉，将园床改成其他类型，也可以将垫子铺到其他地方利用。

■ 野草堆（野草地）

野草堆是指将腐熟的野草和其他植物碎屑（可以加入少量草屑）堆积在一起做成的园床，高度至少要达到半米，使得腐熟及堆肥过程可有效持续地进行，期间产生的余热有助于植物的生长。如果将野草较为平整地摊开堆放在地面，就成了野草地。但是要注意，不要用新鲜的野草，也不要用腐烂较慢的植物碎屑，否则园床要放置两个月后才能再种植。如果想要美观，可以在野草表面覆盖秸秆。

种植方法：在计划种植的区域将野草扒开，加入土壤或腐熟的堆肥，种入蔬菜苗或带新芽的土豆、番薯的种薯。野草堆适合种植的蔬菜还有南瓜、黄瓜、豆类、佛手瓜和莙荙菜等；不适合种植的有白萝卜、胡萝卜和紫菜头等，因为它们的根不适应土壤中有未腐熟的有机物。

■ 绿肥草地

绿肥草地是指在生长着或生长过绿肥的土地上直接种植农作物。适合做绿肥草地的植物种类为三叶草或者三叶草混合苜蓿（即紫花三叶草）。在种植规模较大时，通常采用绿肥与作物混播的做法（春季或秋季撒种）；有时也采用绿肥和作物分开种植的方法，在秋天撒三叶草种子，让它们越冬生长，大部分在夏天死亡，让它们在地里腐烂，然后直接种植作物。而在小规模的自然田园中，更多的是让它们自行撒籽生长。

种植与管理方法：绿肥草地适合种植生长期较长的植物，如瓜类、玉米等，也适合部分果树，如苹果树。对于养分需求高的植物，还需额外添加肥料。要尽量控制三叶草和苜蓿的高度，防止它们的根系生长过旺，从而消耗土壤中太多的养分，更重要的是要防控病害。可以用割草机割除绿肥，割下的碎屑用作覆盖物；也可以时常让动物进来吃草（这时要注意庄稼的防护）。如果需要吸引授粉动物，或者要让它们自行撒籽，可以保留少量三叶草任其生长开花。这种方法比较适合较大面积的种植。

■ 荒野床

荒野床也许是真正意义上的野生田园（图 3.6）。其基本原理是让能自行掘地的植物（姑且叫它们“耕耘植物”），如白萝卜、欧防风（即欧防风，外观像萝卜，属于欧芹家族），以及大头菜和土豆等块根、块茎类植物，与会自行撒籽的植物在田野里年复一年地自行生长。它们能自行完成松土、撒籽、驱逐野草、防控病虫、吸引益虫等作业。自行撒籽的植物有西红柿、白萝卜、土豆、生菜、芥菜、欧防风、大头菜（芜菁）、豌豆、蚕豆、大葱、香菜、向日葵等。如果能接受，蒲公英等可食且具有养分积累功能的野草也可任其生长，甚至有意引入。白萝卜在掘地和自撒籽方面都有突出的作用。

刚开始可在做过野草垫的地方种植，那里没有野草，土壤表面也比较疏松。第一年只密植会自行掘地的耕耘植物，以防野草丛生，收获时留一些让它们繁殖种子。第二年起可以种植会自行撒籽的植物。随着自行撒籽植物的增加，园床会向四周延伸。收获时保留耕耘植物，需要扩展种植面积时，再将它们拔出，否则野草会在空地上生长。但白萝卜是个例外，春天打完籽后它们的根茎会枯萎，乃至腐烂，所以必须及时收获。生长过程中需要通过覆盖追加养分，光靠作物本身产生的落叶覆盖物提供的养分是不够的。

图 3.6　山上的野生植被（凡·高作品）

■ 底灌床（虹吸床）

底灌床是一种较新的栽培方法，特点是利用虹吸作用使园床保持较稳定的湿度，主要应用在社区路旁的抬升园床、大型花盆和育苗盆中。虽然底灌床运用了一些人工装置，但基本原理依然是自然生长规律，所以也可归为自然田园法。由于湿度相对稳定，因此特别适合“懒人”。

建床方法：将抬升的园床或花盆的底部做成封闭状，以装载一定高度的水；或者将整个园床设计成澡盆一样的水容器，灌入水，水的表面与种植介质接触，在适当的高度通一个排水孔，这样水面不会超过排水孔高度。在水里放置一些大颗粒物质，如石子，以支撑上面介质和植物的重量。在水和介质的接触面加一层类似麻布的夹层兜住介质。可以从介质的表面插一根管子直通水体，以方便加水。底部的水通过毛细管虹吸作用吸入介质中。在达到平衡时，介质底部的水分含量高，越往上越低，这样介质层越薄，其顶端越湿润。因此，底灌床的关键是介质层的厚度，这一厚度要根据种植植物的种类决定。如果种植灌木类，介质层厚度约 40 厘米；如果用于育苗，介质层厚度只需 20 厘米即可。种植过程中可以加入液态肥。对于育苗或插枝用的盆，水中加一些海藻液等，可增强植苗抵御环境压力的能力（图 3.7）。

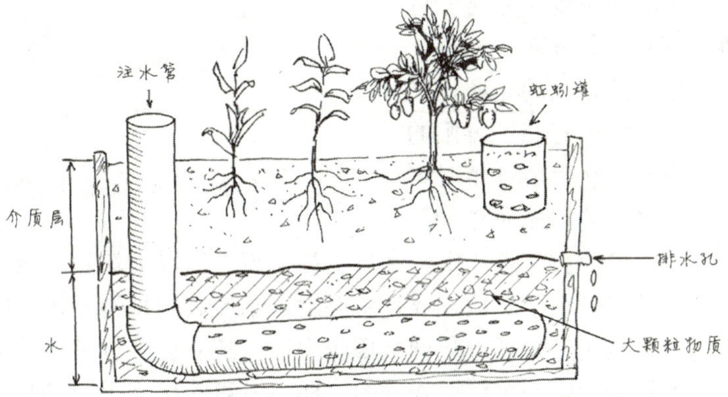

图 3.7　底灌床示意图

注：放置一个蚯蚓罐是为了施肥。

对于扦插或育苗，可将底灌床做适当修改，以适用于专用的育苗盘。因为育苗盘很浅（不到 10 厘米），如与水直接接触，介质过于湿润。用一根棉制吊管带将水和介质连接起来，通过棉绳进行虹吸作用，以降低介质的湿度，同时在水面和介质之间形成一个较大的区间，这样可较长时间不进行补水。介质可用 1/3 的泥炭或者椰糠等有机物加上 2/3 的田园砂子配合而成。泥炭等有机物保水且可提供一定的养分，而砂子可提供通气的孔隙。另外，还可在水中加入沤肥或微量元素，以改善苗的营养条件。底灌床更适合育苗期耗时较长的扦插苗，如果用于播种育苗，苗根可能很快就深入水中，需要及时移植。

■ 坡地上的园床

坡地需要解决的难题是土壤和水分的保持。如果坡度比较大，或者种植水分需求大的植物（如蔬菜），则必须考虑做梯田（将在下一章中讨论）。

如果坡度稍缓，又不想修建梯田，则可对坡的形状进行整修，使横截面呈波状下降。较平的部分要微微反向倾斜，以留住从上坡流下来的土和水。在较陡的部分，需要种植根系发达的植物来保持水土并稳定坡面，最好是种植一些低矮的、生长快速的多年生不落叶植物，如迷迭香、百子莲、薰衣草或柠檬草等（图 3.8）。在园床刚修建时，可以先采用压草垫来帮助稳定土壤。

如果坡度很缓，可以直接在坡地种植水分需求相对较少的可食用的果树、灌木、香草和花卉。对地面稍作修整就可以利用坡度设计水分自动供给系统，同时减少土壤的流失。对于坡地园床，覆盖的作用也很显著，特别是在保持土壤和水分方面。

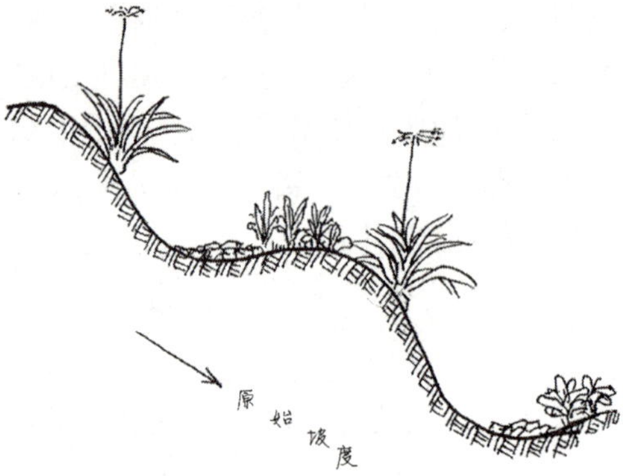

图 3.8　建在坡地上的园床

朝阳面的坡地接收到的光照比平地强，对大部分作物很有利；背阳的阴坡则相反。因此，在阴坡种植时更需考虑减少植物之间的阳光遮挡，不宜将植株高大的植物种在上坡。由于水自上往下流，所以下坡的土壤一般会比较湿润，人工浇水时应侧重于上坡，或者将湿度需求较高的植物种在下坡。

以上讨论的只是园床的部分类型，现实中园床还有更多样的形式和机制。由于所述的园床不是按照同一个依据划分的，所以有可能出现重叠的现象。它们之间可以相互鼓励转换，如双开掘床在种植一定时间后应转变成其他类型的床；压草垫床可以建在任何类型的地表上，一年后可以转变为普通的种植场地或者“荒野床”。

2. 园床的几何形状

园床的几何形状各异，但是有一个原则，就是不宜过宽，以避免时常需要踏入园床内去作业。踩踏园床会压实土壤，破坏园床下部好不容易才建立起来的微生物和土壤动物环境。因此，园床中的任何一点离最近的边缘的距离以不超过一个臂长（大概 60 厘米）为宜。

■ 长方形

长方形的园床最常用，但其宽度应不超过 1.2 米。

■ 匙孔形

如果田园的面积比较大，采用常见的长方形或者长条形的园床不一定是最经济实惠的，这样不仅土地利用效率低，且需要行走的路径也长。因此，人们设计出不同几何形状的园床，如匙孔形状的园床（图 3.9）。

这种匙孔形状的园床有很长的边缘。边缘对于植物的生长是有益的，边缘植物往往能利用不同来源和形式的资源，所以物种的多样性特别明显，并且由于通风、透光条件好，产量也较高。

(a) 长方形园床

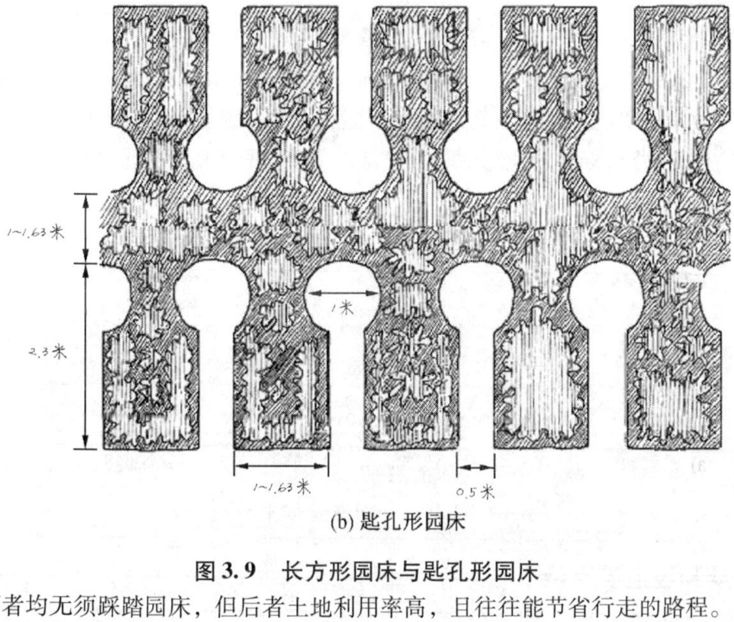

(b) 匙孔形园床

图 3.9　长方形园床与匙孔形园床

注：两者均无须踩踏园床，但后者土地利用率高，且往往能节省行走的路程。

■ 圆形

因传统的长方形园床的四个角上，浇水比较困难，所以常常将园床设计成圆形，以方便浇水。在需要频繁浇水的圆形床的中心，可以在一定高度固定一个倒置的莲蓬头，使其喷水范围恰好覆盖整个圆床。

■ 鱼形

在以种植果树为主的食物林中，同样要遵循不踩踏的原则，要有过道直通到每一棵果树旁，方便管护和收获。如果种植面积较大，设计重点要从园床的设计转移到走道的设计，即除了走道，其他地方都应该是园床。最简单也最实用的是“鱼形”设计，其中鱼骨是主道，鱼刺是小道（图 3. 10 a）。种植面积更大时可以将它们连接成网格状（图 3. 10 b）。

(a) 鱼形走道　　(b) 网格形走道

图 3. 10　鱼形和网格状走道分布示意图

种植区域的地形表面不一定要很平整，可以有变化。地形表面的起伏可以在小的空间内创造出多姿多彩的微气候环境，这样不同的植物更容易找到它们最佳的生存位置。如永续农业推崇的螺旋形向上抬升的螺旋床（图 3. 11），适合种植有不同需要的各类香草。土堆床其实就是一道截面为弧形的土坎。

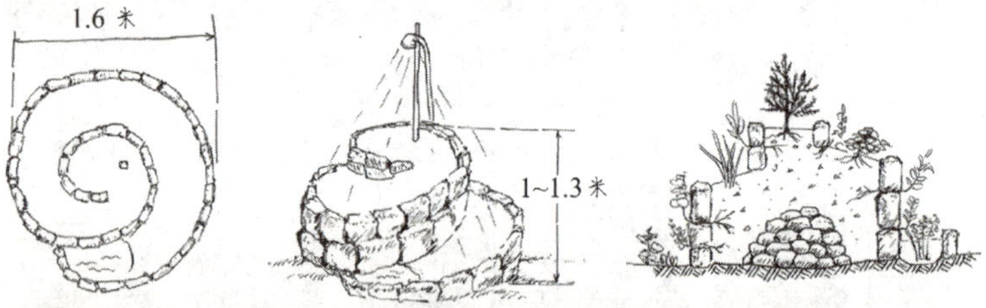

(a) 俯视图　　(b) 立体图　　(a) 坡面图

图 3. 11　螺旋香草床

3. 园床和过道的互换

前文已经反复强调了覆盖在自然田园中的重要性，特别需要关注覆盖物随着时间变化的腐熟过程。因为只有腐熟了的覆盖物才是真正的堆肥，慢慢也就变成了“土壤”。在这之前，覆盖物一般是不可以被埋进土壤的，否则它们可能会掠夺土壤中的氮肥，也会引起许多块根、块茎类植物腐烂，还会带入额外的病原体和野草的种子。

在一块田地上长时间连续种植，一定会造成土壤中养分的不平衡，以及化感化合物和病菌的积累。虽然通过覆盖和堆肥可营造新土，通过多样化种植可平衡植物对养分的索取和释放，很大程度上减缓这些趋势，但是进一步采取适当的措施仍是必要的。在现实农业中，针对此类问题最常见的解决方法是轮种和休闲。轮种将在后面章节详细讨论。休闲是指土地里什么都不种，让土壤通过休养生息自然恢复生命力和肥力。如果休闲的年限长，则称为撂荒。在东南亚的一些地方，这种类似打游击的种植方法可能会让种植几年的土地撂荒长达十年以上。在这期间，如果能采取一些其他方法滋养土壤，就能加快土壤恢复过程，从而提高土地的利用率。

如前所述，种植的区域是以园床的形式划定的，园床之间是过道，也就是说，园床与过道是交替分布的。可采用两种方法充分利用过道：一是堆积覆盖物；二是将过道变成园床。对于第一点，虽然作为走道，土壤会由于走动而压实，但是加上厚厚的覆盖物后，就不至于造成太大的伤害。对于第二点，只需每隔几年或几季将园床和过道的位置互换，即可达到目的。因为就地进行交换，所以省时省力（图 3.12）。

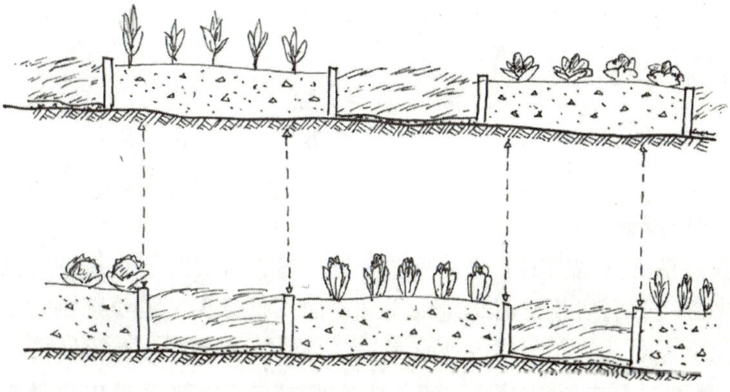

图 3.12　园床和过道互换

注：原来（上图）是过道的地方在第二年（下图）变成园床。

以草本植物秸秆作为覆盖物为例，利用过道堆积覆盖物的具体的操作步骤如下：

（1）在种植季结束后，清理园床，把植物残余物堆积在一旁。

（2）用叉子轻轻松土，注意不要大量翻土。

（3）将过道上尚未分解的秸秆等覆盖物堆放在一旁。

（4）将过道上已经分解的秸秆搬到原来的园床上，达15厘米厚，清理过道。

（5）平整种植床。

（6）将植物残余物和其他的野草铺到过道上。

（7）将未分解的稻草、干草等铺在过道内植物残余物上，加厚到15～20厘米。

（8）等待两到三周，最好在雨天开始种植。

（9）一年或一季后，重复进行一次。

这里的秸秆可以是燕麦或小麦秸，加上等量的苜蓿或者三叶草。

种植3～4季后，可以将种植床和过道的位置互换。方法是将过道上的覆盖物临时堆放到一边，将园床上的土壤搬到过道里，形成新的园床。再将临时堆放的覆盖物放回到原来的园床上，加以平整，这样原来的园床就变成了过道。原来的过道经过一段时间的休整，在覆盖物的覆盖和腐化作用下，底部土壤变得肥沃，微生物和土壤生物大量繁殖，便可以在此基础上营造新的园床。

潮湿炎热的地方，在连绵的雨天开始时，当过道上的覆盖物湿透以后，可以用透明塑料布覆盖一段时间，以加快腐熟过程。

要特别注意的是，以秸秆等粗粝覆盖物为主的覆盖层为蜗牛过冬提供了条件，所以需要适时引入鸡或鸭来解决蜗牛问题。

（二）种植方法

前文已对自然田园中采用的种植方法原理做了叙述，这里只对一些具体的措施做补充介绍。

1. 不耕或浅耕

除了在开垦处女地时需要采用如双开掘床等方法，对于正在种植的土壤，尽量不要过多翻动，需要松土时尽量采用叉子而不是锄头，需要翻耕时也尽量保持在5厘米深度左右。对于根系发达且根深的植物，如果要收获整棵植株（如大白菜），应从地面附近将植株割下，而不要连根拔起，否则会带出大量土壤。对野草也同样处理，所不同的是作物的根一般很快就会腐烂，而野草不会，需要在上面铺一叠湿报纸，再盖上覆盖物将报纸压实。深耕会将深部的野草种子翻上来，或将浅部的种子翻下去，结果都更让人头疼。

有些植物如萝卜和土豆，它们本身就能疏松土壤，还有像芹菜、大葱、西红柿等它们都不需要松土。但是有些小种子植物如胡萝卜、生菜、洋葱、法国豆、红花菜豆等需要松土并平整园床，以利于出苗并减少土壤中的害虫对根部的危害。

2．多样性种植

尽可能多样性种植，即使种植同一种植物，也应种植不同成熟期的品种，这样既能防止病菌和化感化合物的积累，也能避免土壤中某一种或几种养分的快速消耗。

在植物种类上，尽量将相生的（至少不能相克）植物种在一起；或者根据对植物相互需要和依赖的分析选定植物组合。这里所说的“种在一起”有两种模式：一是混合种植在一起，如无序的种在同一个园床里，称作“混作”；二是相邻（按一定次序）地种在一起，如一行胡萝卜，一行洋葱，称作“间作”，如果是多行植物间种，称为带状间作。在混作情况下，不同植物之间距离较近，相互影响大，所以选择物种更要仔细。一般而言，宜将生态位分化的物种，即形态和大小，根系结构和深度，气味和颜色差距较大的植物种植在一起，这样，对于阳光、养分和水分的合理利用，减少竞争，防病防虫防化感，压制野草等都比较有利。例如，将蔬菜、香草和花卉混种在一起，除满足上述条件外，还可以增加美感。但也要考虑各种植物基本需求的满足，如对土壤酸碱度的要求、对养分和水分的需求是否匹配，以及种植的时间、区间等。间作比较适合规模稍大的种植，易于实现对养分和水分的管理，方便轮种与收获，尤其是带状间作。在自然田园中，更多的是将混作和间作配合种植。

植物依赖群和植物“幸福家庭”的概念是有区别的。所谓“幸福家庭”，是指将种类相近、形态相似、需求相近的植物种植在一起，以方便管理。这并不表示它们能够相互促进，恰恰相反，“幸福家庭”的植物往往属于同一个植物家族，有类似的形态和根结构，生态位重叠，因此它们之间的竞争往往大于合作。

当植物株型大小不一、生长速度不同时，种植次序也很重要，否则一种植物可能会完全遮蔽另一种植物，严重妨碍后者的生长。

将绿肥植物，特别是本身也是经济作物的绿肥植物直接与主要作物种植在一起，适合较大规模的田园。有一种方法叫作“菠菜法”，是指在其他植物的两旁各种一排大约50厘米宽的菠菜来护苗。菠菜夏末播种，生长后可以随时收获以供食用；霜降枯死后，埋入土壤可作绿肥用。

3．间距种植

在阳光强烈且充足的地区，或者无野草的园床（如压草垫园床），种植间距可以比常规农田小一些，即种植密度大一些。自然田园中，常有意用密植来对抗野草，且会更频繁地采摘收获以供日常消费或促使它们不断长出新叶、新花（如绿菜花、花椰菜）、新果。尽管这么做会牺牲一些产量或者影响产品的形状，人们也能接受。

如果植物刚种下时有较大的空隙，且生长较慢，就要考虑在空隙中种植一些生长较快的植物，如在洋白菜的苗间可以种生菜，当洋白菜长得比较大时，生菜已经可以收获了，空间自然就腾了出来。这样，不但有了额外的收获，而且有助于防止野草生长，保持土壤湿度。又如，草莓刚种下时会有较大的空隙，在空隙处种植生长较快的小水萝卜，可以为草莓遮阴。

4. 浸种

浸种不仅能促进种子较早发芽，还可以杀死一些虫卵和病毒。对于发芽较慢的大型种子，包括玉米、蚕豆、豌豆等，在播种之前需要对种子进行浸种。不同种子浸种要求不一样，一般蔬菜种子浸种是将种子放在55～60 ℃的温热水中浸泡10～15分钟，然后将水温降至30 ℃左右继续浸泡2～6小时，然后再播到湿润的土里。在种子发芽以前不要浇水。如有接种需要，也可以同时进行。

5. 培土

对于土豆、四季豆、豌豆、西红柿等非叶菜类蔬菜，培土是非常有效的促进根系生长的方法，并能容许植物之间间距更小。如果在植苗阶段，倒扣一个透明去底的塑料瓶来防虫，在植物露出瓶口较多时，不需要将塑料瓶移除，只需在瓶里填满土作为培土。随着植物的不断生长，可移去瓶子，但培土继续。

对于芹菜、大葱等叶类植物，培土还同时起漂白作用，可使植物叶片以下免于阳光照射，故能保持鲜嫩。

（三）施肥与灌溉

1. 施肥

在自然田园中，植物所需的养分主要从土壤中汲取，还可通过与土壤中微生物交换养分获得。而土壤中的养分主要通过覆盖物的腐熟及绿肥、固氮植物的种植得到补充，因此与以施用化肥为主的常规农业相比，自然园法不存在过量施肥易导致土壤盐渍化和作物肥害的问题，且养分平衡的计算及追肥量的调控都要相对简单一些。

蔬菜作物，特别是一年生蔬菜作物，通常各器官养分含量高而转移率低，因此其需肥量比谷类作物约高出1/3，尤其是需钾量较高。一般来说，覆盖物的养分无法满足蔬菜生长的需求，因此需要追施额外的肥料，如通过叶面喷施沤肥追加。沤肥的主要原料是厩肥和植物碎屑，一般每周喷洒一次，顺带给植物浇了水。如果沤肥或其他田园来源的材料（如厩肥和野草）不足，或者因其他情况（如美观、味道、病虫害等）不宜采用，也可以采用商业性的有机肥，如骨血粉、饼肥，它们的养分含量都高于普通的有机肥。骨粉主要用于增加土壤中氮、磷和钙元素的含量，施加后土壤中氮、磷、钙含量分别可以达到5%、4%和

8%，但钾的含量很低；血粉主要用于增加土壤中氮元素的含量。在商业性田园有机肥中，通常将骨粉和血粉混合成骨血粉（blood and bone）。需要注意的是，小动物或许会将施加的骨血粉挖出来吃。饼肥中的养分，尤其是氮和磷的含量较高，综合豆饼、菜籽饼、花生饼和芝麻饼等饼肥含氮量在5%～7%，含磷量在1%～2%（但是芝麻饼可以达到3%），含钾量也在1%～2%。

不同蔬菜对养分的需求不同，可以根据实时需求，进行土壤养分的补充，或根据植物在轮作序列（需肥量从高到低）中的位置，选择或调节覆盖物，以及调控随后的追肥。

不同蔬菜对养分的需求

● 各种养分需求均高：芸苔（叶菜类）属。对于这类作物可以采用“厩肥＋堆肥＋有机肥”的方法，如果生长期长，一般还需追肥。

● 氮肥需求高：白苋、大蒜、牛皮菜、甜玉米等。这类作物生长过程中需要多次追肥。

● 氮肥需求低：所有的块根块茎类作物，以及菜豆、豌豆等。对于豆类，一般不需要施肥；对于块根块茎类植物，由于植物体内养分输送的需要，对钾元素有要求，所以对基肥的需求高。

● 土壤有机质需求高：紫菜头、绿菜花、洋白菜、菜花、黄瓜、云南小瓜（西葫）、香草。这类植物对土壤肥力需求较高，需施以充分的基肥和追肥。

此外，有些植物，特别是蔬菜类植物，除了施肥外，一般还需要施以石灰或白云石，以降低土壤酸度，并起杀菌的效果。

不同蔬菜对土壤酸碱度的要求

根据蔬菜对于土壤酸碱度的需求不同，还可以分成需要施石灰和不需要施石灰两类。

● 无需石灰或白云石：白苋、蓝莓、芹菜、土豆等。

● 需要石灰或白云石：菜豆、香菜、大蒜、洋葱、豌豆等，在酸性土壤中还有欧防风、西红柿、芜菁（大头菜）。石灰需要在种植前三周施用。

2. 灌溉

灌溉，包括采用灌溉系统自动灌溉和人工浇水两种。在田园面积较小时，一般以人工浇水为主。

灌溉的重要性和迫切性受气候带的影响。在热带、亚热带的雨季，通常有较多、较频繁的降雨，可以满足植物对土壤湿度的需求，仅在旱季需要灌溉；而在温带，特别在干旱地带，对灌溉的需求则十分迫切。当然由于局部气候的差异，也有一些相反的趋势。此外，季节、气象条件、植物类型、植物生长阶段（关系根系的大小和深浅）、土壤类型和结构、有机质含量等都对灌溉量和灌溉频率有很大的影响。土壤中的有机质（包括尚在腐烂中的有机物和相对稳定的腐殖质）是保持土壤水分的重要因素，所以在自然田园中，不断增加土壤中的有机质是一项重要任务。

在自然田园中，由于采用了大量覆盖，甚至是全覆盖，因此水分蒸发损失大大减少。一般只需注意年幼的植物和浅根的植物，不要让它们的种植土壤完全变干。在非常炎热和干旱的情况下，幼苗是浇水的主要对象，需要确保它们有充足的水分；对于已长成的苗，要尽量让它们自己寻找水源，减少人工浇水次数（每次浇水都要浇得慢、浇得透，让水渗入土壤深部，当植物需要水时，就会从深部索取，这样也促进根往深处长）。

● 厌过分潮湿的蔬菜类植物

果菜类：南瓜、番茄、四季豆、椒；

叶菜类：菜花、绿菜花、圆白菜、青葱；

根菜类：番薯、白萝卜。

● 厌过分干燥的蔬菜类植物

果菜类：黄瓜；

叶菜类：小白菜、荷兰芹、茼蒿、紫苏；

根菜类：芋头、姜。

● 耐旱性较好的蔬菜植物

欧洲甘蓝类，洋葱，大蒜，韭菜，大葱，牛皮菜，菊苣。

多年生菠菜，芦笋，菜蓟。

灰色植物，大部分香草。

生菜虽然也耐旱，但是水不足会变老。

● 耐旱性能差的植物

大部分瓜果类植物抗旱性能比较差。

■ 灌溉的方式和设施

（1）沤肥喷施。即施肥和浇水同时进行，一般每周一次。

（2）设置雨水利用的微地形和装置。将园床或果树底下塑成蝶形，即总体是隆起的，但中间略呈凹形，既可以兜留住少量雨水，又能让过量的雨水顺利排出。也可以考虑将排水路线设计成从床底通过园床或环绕果树。

（3）利用缓慢渗漏的器皿。对于需水量大的植物，如西红柿，可以倒插一个去底的塑料瓶，每天早上灌满水，让它慢慢往下渗。在这方面，不同的地方和不同的人会有不同的创意（图 3. 13）。

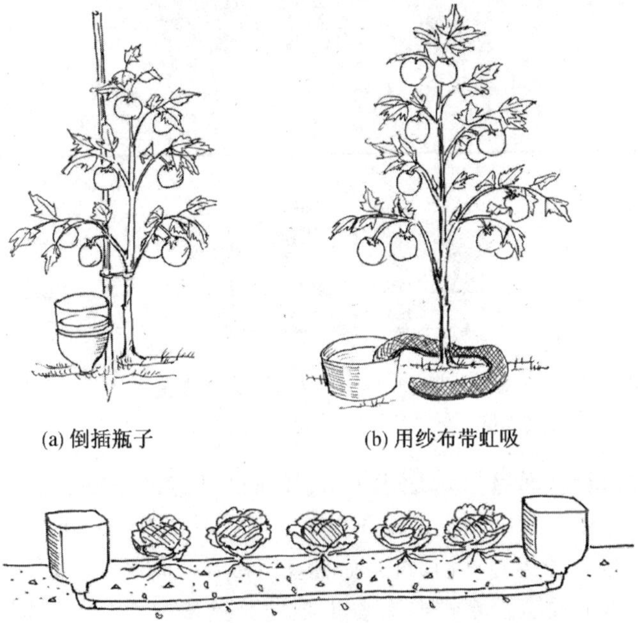

(a) 倒插瓶子　(b) 用纱布带虹吸

(c) 两个瓶子用滴灌相联，在地底灌溉

图 3. 13　灌溉方法

（4）采用滴水管或压力渗透管。将滴水管埋在地表以下，减少浇水时的损失。如果是一片果林，果树之间距离较大，且没有其他需要浇水的植物，那么可以采用压力渗透管环绕树干围成一个圆形圈或呈螺旋状，最外层圈应该在滴水线附近，即圈的半径大体上和树冠的半径相近。果树与果树之间采用不透水的普通滴水管。

相比于普通滴水管，压力渗透管的优越性在于，不同位置的出水速度相对均匀。如果将水龙头的出水量开得大一些，距水龙头不同距离处的渗透管的压力差相对于普通滴水管要小很多（图 3. 14）。

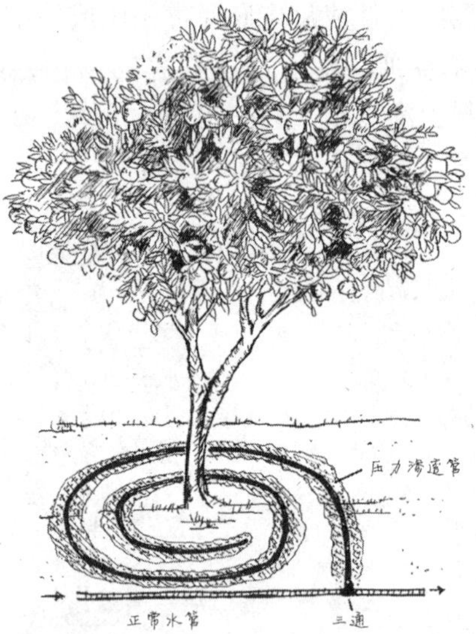

图 3.14　果树和压力渗透管

■ 灌溉注意要点

除非正在进行叶面追肥，否则浇水时不能从叶片自上往下浇，而应该直接浇到根部。譬如，要将水浇到生菜根部四周，以防菜心腐烂。许多植物，如开花的灌木（玫瑰、杜鹃花等），叶片过湿易造成白粉病或黑斑。

如果土壤或介质有疏水性（有些土壤颗粒或秸秆等有一层憎水的有机层），在下雨前或施液态肥时，应先慢慢浇上一些水，湿润土壤表面，削弱土壤对雨水或液态肥的排斥。如果疏水严重，可以将婴儿使用的香波（化学品少）用水稀释后浇至土壤，这样可以削弱土壤对水的排斥性。此外，还可以在土壤中加入保湿用的土壤调节剂。但是，更有效的方法是平时注重增加土壤有机物，如加入堆肥是更有效的方法。

显然将需水要求相似的植物种在一起，更有利于对水分的管理。此外，最好不要在太阳照射时浇水，以免水分被蒸发而浪费，尤其不要在晴天中午植物叶片处于暂时凋萎时浇水，这会使植物的生理机能受到严重影响。夏天蜗牛主要在夜间出来活动，它们也喜欢湿润，所以如果蜗牛问题严重，就要避免在晚上浇水。

在热带、亚热带的盛夏及阳光强烈的温带，为蔬菜提供遮阴是减少蔬菜灌溉需求的另一个好办法。在菜地园床上搭棚架不但能提供遮阴，而且能实现立体种植，如种植菜豆、佛手瓜等攀缘植物，提高阳光和空间的利用效率（图 3.15）。但需依据纬度的不同，根据太阳轨迹，选择园床和棚架的相对位置。一般如果能在盛夏的中午提供两个小时左右的遮阴，就非常理想了。上午和下午需要让阳光照射植物，所以棚架上的爬藤植物要种在背阳一面，以防它们从正面或侧面妨碍棚下植物接受阳光（图 3.16）。

图 3.15 老葡萄园和一个农妇（凡 · 高作品）

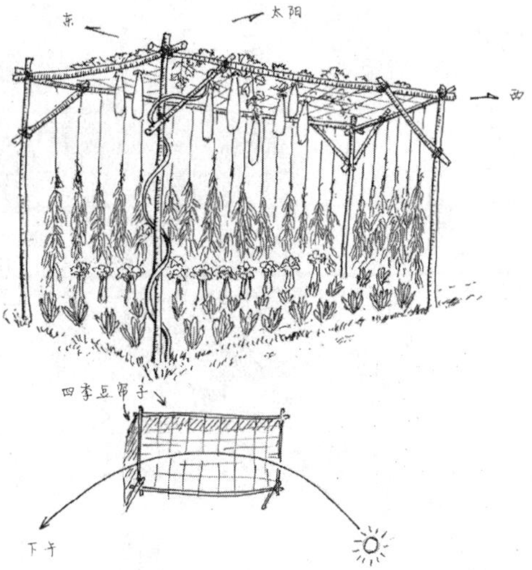

图 3.16 棚架

注：棚架上方和背阳面有遮阴的藤，西面（大风）有稀疏的爬藤，地上种着绿叶菜。

对于多年生植物，或生长时间很长的一年生及越年生植物，考虑到植物主要生长时期是在春天，其次是在秋天，如果灌溉用水是一个严重的制约因素，就要优先在春天和秋天浇灌。夏天只要保持植物健康即可，这时遮阴就变得非常重要。但是如果有草坪，夏天则需要保持一定的水分。

事实上，一定程度的缺水对植物也是有好处的，它会迫使植物的根系往深处生长。这不仅解决或缓解了对人工浇水的需求，而且有助于植物从深处摄取养分，同时增强植物的稳定性。缺水也会减少不必要的新枝出现，而它们常常是病虫害首先攻击的对象。

当果树快要出花蕾时，适当的缺水也是有好处的，它能促使更多的花蕾涌现。但是一旦花蕾开始生长，就需要保证有足够的水分，否则会限制果实长大。在果实成熟的过程中，要防止土壤水分急剧变化，干旱、淹水都可能造成水分不平衡，减少植株对钙的吸收，进而造成果实开裂。

植物对于水分的季节性要求与植物发源地的气候，特别是降水模式有关。这在具地中海型气候特征的植物中比较明显。地中海的气候是夏天炎热并且干燥，而雨水主要集中在冬天，所以在这类气候带（如澳洲南部、西南部和南非的西南部），秋冬季节更加适合园艺活动。源自或适合在那里生长的植物暖季更耐旱，如菜蓟、芦笋、各种香草（如薰衣草）、橄榄（图3.17）、麦子和葡萄。

图3.17　橄榄树（凡·高作品）

（四）蔬菜管护的实用方法

1. 加快幼苗的生长

由于自然田园的园床类型各异，土壤结构和养分含量不同，作物栽培技术不易把握，并且有些是刚开垦的土地，在作物生长过程中难免会出现一些异常现象。因此要密切关注田园蔬菜的生长状况，尤其是在苗期，一旦出现生长不良的现象，应立即采取补救措施。对于幼苗，常用的管护技术有以下几点：

● 保证充足的水肥供应。如果植苗发黄，则在覆盖物上追加肥料，但是不能太多，否则会烧苗。

● 通过覆盖物改善土壤环境。在园床里增加覆盖物，冬季具有保温保湿的作用，夏季对高温干旱具有缓冲作用。但覆盖物与植苗不能太靠近。

● 充分利用种间的互利作用。在较冷的气候带或季节里种植秋葵、茄子、早季番茄等蔬菜时，可在其周围保留或种植蒲公英，它们会释放出乙醚，促使蔬菜作物生长加快。

● 适时除草。对于与幼苗争夺光照和水肥，影响幼苗生长的杂草必须尽快拔除。

● 及时防治病害。尤其要注意防止苗的枯萎病，一旦发现，立刻拔除。枯萎病的特征是在植株基部出现褐色圈。

2. 预防过冬作物过早开花

植物到时间开花是自然现象，因为植物有物候期。但如果它们比预期或比往年过早开花，则需要分析是天气“异常”造成的，还是栽培措施不当造成的。在自然田园中，要采取适当栽培措施防止作物过早开花。许多作物，特别是收获营养器官的蔬菜，过早开花对其收成和品质都会有很大的影响，因为植物开花后，养分将主要用于开花和结果，茎、叶或块根则不再生长，并且营养器官会快速变老或萎缩。过早开花主要影响冷季作物，包括叶菜类作物如色拉菜，甜菜类如紫菜头，十字科植物如大白菜、圆白菜、大头菜、白萝卜和芝麻菜等，对越冬作物如洋葱、大葱和胡萝卜等也有影响。即使是收获果实和籽粒的作物，过早开花也会导致营养体不够大，严重影响产量，如油菜就要防止冬前抽薹开花。

越冬植物过早开花大多是因为秋天播种或移栽过早，如果再遇到天气过早或过分变暖，就会使冬前光温条件满足花芽分化条件进而导致过早开花。反之，如果遇到天气过早变冷，满足了春化作用需要，有时也会造成植物在长大之前就已经开花。其他季节栽培植物的早花现象可能主要是日照长短所致。

防止作物过早开花的主要措施：

● 选择合适的种植时间，不要让植物过早满足花芽分化对于日长的需求。如大白菜不要在春天种，而应在夏秋之间种；越冬植物不要过早播种。

● 为植物的生长创造一个良好的环境。水肥充足、通透性好的土壤，充分的覆盖，有利的小气候环境，可促使植物健康生长。此外，要注意在冬季及时采取防冻措施，如加盖防霜起绒布，或将盆栽植物移入室内。

● 对于叶菜类，随长随吃，即频繁将外层的叶片掰下食用，以减缓植物的成熟速度。对于生长季节短的地区，最好在室内或棚内育苗，在生长季节来临时，及时将植苗移植到园床里，缩短植物在园床里生长所需要的时间。

● 选择合适的品种。如意大利耐热耐抽薹生菜品种，在不同季节种植都可以避免过早抽薹开花。

在自然田园中采用的让植物自行撒籽的策略可让植物在不同时间发芽，有助于减少因植物过早开花而导致歉收的情况，或者说增加正常开花的植物的数量。同样，采取分批播种或移植的方法也可以达到相同的效果。当然，更加科学地规划种植时间，随时调整植物管护措施以调节植物的生长节律，必要时提前收获等，都是行之有效的方法。

3. 将一年生植物变成多年生植物

在自然田园中应优先种植多年生植物（很多多年生植物能够在部分阳光下生长），这不仅是为了减少植物对养分、水分、阳光的过分依赖，更是为了减轻田园劳作对人工的依赖，使得自然田园能更好地按照自然的规律发展。

在自然田园中，十分强调多年生植物的重要性，而且会从更大的视角即可持续经营的角度来看待这个问题，加之自然田园中的大多数作物都用于自我消费，所以改变采摘和消费习惯，可更好地恢复并利用它们的多年生价值。具体的方法如下：

● 对生菜、绿菜花（只吃叶）、莙荙菜等叶菜类，要勤摘叶，一旦有花茎长出立即掐除；还要勤施肥。

● 对芹菜，将其顶端掐除，促进分枝生长，变细。勤浇水和施肥可以保持鲜嫩；随吃随摘。

● 对于菜花只摘花头，不要断茎，以促使更多的花头生长。一旦花序变得结实即刻收获，否则植株会变老。

● 对青葱、韭菜，只剪不拔。

● 对大蒜，只取蒜苗食用。

● 不要将土豆、番薯等块茎和块根植物完全拔出，留些在地里让其重新发芽生长。

多年生蔬菜

芦笋
粉葛
多年生辣椒
菜蓟
洋姜
大黄（可作甜食用）
多年生豆（红花菜豆）
芋头
雪莲果（亚贡）
佛手瓜
新西兰菠菜
青葱
韭菜
俄国大蒜
鱼翅瓜
番薯（藤）
法国酸模

此外，还可以将真正的一年生蔬菜嫁接到同一属的多年生植物上。例如，将番茄嫁接到茄属植物，如嫁接在澳大利亚和新西兰的澳洲茄上（图 3. 18）。

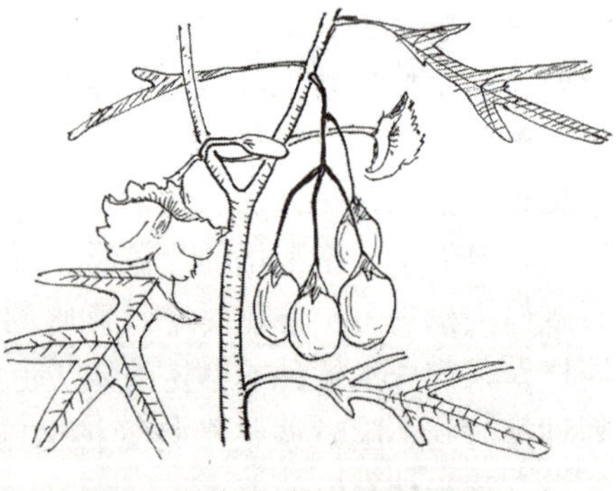

图 3. 18　一年生的番茄嫁接在多年生的澳洲茄上

4. 在林地种植蔬菜

在林地的空隙或边缘种植蔬菜等，不但能提高土地利用率，还可利用树木营造的有利小环境。与果树林不同的是，林地树木有自然生长的，也有人工种植的，而果树林中的树木大都是按照设计的需求人工种植的（图 3. 19）。

图 3.19　山坡上的树林（凡·高作品）

注：山坡上的树大多已被清理，留下的呈带状分布或在边缘。这样的缓坡是比较理想的种植地，现有的树林不仅能挡风、截水，提供覆盖材料，还能改善土壤，为作物提供适当的遮阴等。

一般不在树下种植一年生的蔬菜，否则蔬菜的光照需求很难满足，且一年生蔬菜单位面积的养分需求远远高于树木，对蔬菜的频繁作业也会干扰树根生长。如果土地有限，必须这样做，可以考虑建造一个抬升床，并且用报纸或压草垫将蔬菜和树木周围的土壤隔开，然后类似厚土栽培床那样，由下而上加上苜蓿、干草、鸡粪，然后是土或介质。当然这不是一劳永逸的，隔一两年后树根还是会侵入，这时要考虑在新的地方从头再来（图 3.20）。

图 3.20　在树林的间隙种植一年生蔬菜或营造用木板围起来的抬升园床

林地蔬菜可以选择十字花科的绿叶菜或块根类植物如紫菜头等，它们都有一定的耐阴能力。此外，可以考虑韭菜、生姜、大黄或番薯藤等。

树木与蔬菜对养分的需求可能存在较大差异。一般树木在成活后以叶霉作为养分的主要来源，偏爱真菌，而一年生蔬菜则喜欢以草本为原料的堆肥，偏爱细菌。所以，给林地蔬菜供应养分，不是通过施加土壤肥料，而是通过叶面追肥使肥料从叶片直接吸收进入植物体。

在树下直接种植蔬菜植物时，要尽量避免扰动或者伤害到树根。树的根系大多以树干为中心呈放射状发散，故在挖坑或设计树下作物的种植行走向时，可以考虑顺着放射的方向，以减少和树根的交错。

要考虑现有树木对树下或周围作物的影响。首先，要考虑的是阳光遮挡，这与树形、叶片的特征、是否是落叶树种及树和园床的方位有关。其次，树和蔬菜的根系特征对于水分和养分的竞争也有关键性作用。树根展开的范围大小除了与树种有关外，还与土壤的深浅有关。如果土壤浅，那么树根只能平展，根系浅但会延伸得很远，达到树冠半径的两倍或以上。

一般来说，地面以上枝叶的体积和地面以下根系的体积相当，所以当树枝被砍去时，根也会相应地脱落。这样依附在根上的根瘤菌也会随着根的脱落进入土壤，同时将其所携带的氮释放到土壤中（图 3.21）。有些树的根系在水分和养分的竞争中表现得相当强势，如桉树和柳树，使得树下植物（包括草坪）很难正常生长。如果要在这种树下种植蔬菜，就尽量靠近树干种植，因为摄取水分和养分的那部分根大多处在外围根的端点，反而靠近树干处的竞争相对较弱，但树干下遮阴会严重些。落叶对树下植物的影响有时也较大，它们可能含有妨碍其他植物生长的化感物质，如桉树，不过这种不良影响随着时间推移会越来越弱，所以

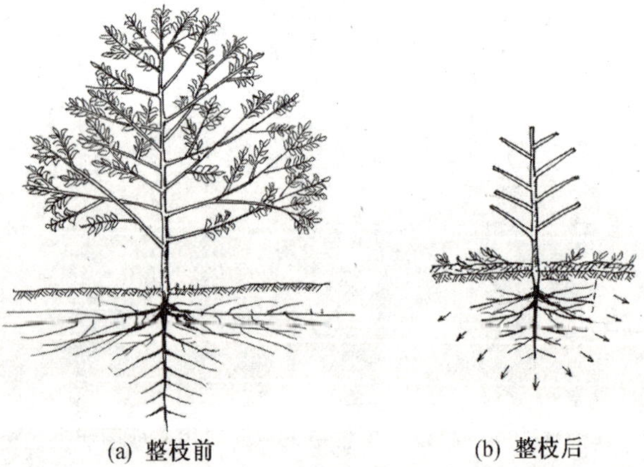

(a) 整枝前　　(b) 整枝后

图 3.21　树冠及树根

可以将它们堆作叶霉，或加入堆肥，或放置一段时间后直接用作覆盖物。有些树对许多植物（包括杂草）的生长会起到正面的促进作用，如桑树，经常能看到茂盛的桑树下生长着更加茂盛的杂草。

（五）轮种（轮作）

1. 轮种的作用

轮种，也叫轮作，即作物的轮换种植，既包括不同年度间同一季节的作物轮换，也包括年度内不同季节之间的作物轮换（实际上是换茬）。与此相对应的是连作，也叫重茬，即年度内不同季节之间或者不同年份同一季节之间都种植同一种作物。如每年都采用蚕豆—玉米复种的方式，在年内虽然有换茬，但是年度间是同一个复种方式的连作。轮种的主要目的：一是减少土壤中的病原体及化感物质的积累。很多蔬菜作物，如茄科、葫芦科和十字花科的蔬菜如果长期连作，就会产生严重的连作障碍，因此必须与其他科的作物进行轮作。二是平衡土壤中的养分，以防某些养分因为反复种植相同或相似的植物被不断消耗，进而降低土壤肥力。

在自然田园中，采用多样性种植及通过覆盖可形成大量新土，轮种的迫切性不强，如采用荒野种植法时，也就不太需要轮种，事实上也很难实现轮种。但是，如果在单个园床上常年以一种或少数几种类似（同一家族）蔬菜为主导，这时一年生蔬菜的轮种仍然是需要的。除非有特殊的理由，需要在同一块地里反复种植某一种或某一组合的作物，如已经为某一种或几种固定作物设置了相对固定的结构，如为佛手瓜或其他瓜类搭建了棚顶，或为豆类修建了爬藤围栏，或者为西红柿专门设计了植物（向日葵、洋姜等）挡风园床，或者为“气候边缘植物”（marginal plants，指植物被种在略微过于寒冷或炎热的气候带中）垒起了热量聚集和光线反射的砖墙等，否则还是要尽量采用轮种。而对于无法避免连作的作物，也要通过其他途径来消除连作障碍，如西红柿可以通过幼苗嫁接的方法来消除连作障碍。

不同植物对轮种的需求不尽相同，也就是说它们的耐连作特性不同。如十字花科芸薹属蔬菜的根系容易积累各种病原体，所以一般要求三年内不在同一个地方重复种植，并且它们与十字花科作物不能连作。葫芦科的瓜类植物也不耐连作，如西瓜连作后由镰刀菌引起的枯萎病会导致严重减产，一般种植一茬后需要间隔 3 年才能继续种植。有些植物可以不进行轮种，它们本身具有耐连作的特性，但是如果有需要，它们也可以随时随地加入轮种的行列，比如绿叶沙拉菜、水萝卜、菠菜和芜菁（大头菜）等。大头菜由于很强壮，没有病害，所以可以在收获芸薹属蔬菜后直接下种。绿肥类植物因为不会让它们长得很大，所以也可以跳出轮种。

植物根系中病原体的积累与植物有没有得病（如烂根）有关，一旦发现病害，最好不要再继续种植类似的植物。外围植物会影响田园中类似的植物，外围植物产生的病菌会通过各种渠道，如随风、流水或通过鸟、虫影响田园植物。

植物生长需要摄取各种养分，尤其是一年生蔬菜作物，它们对养分的需求量大且摄取速度快，如果连年种植且复种指数高（一年种植多茬），那么土壤中的各种养分会愈来愈少，土壤会变得越来越贫瘠。尽管被植物摄取的部分养分可通过覆盖堆肥或者动物的生命过程（遗物、遗骸）返回土壤，但是这通常需要相对较长的时间。健康土壤内所发生的复杂的自然过程也使得土壤朝着恢复活力和肥力的方向发展，但是这个过程更慢。所以，要尽量避免土壤中的养分因植物的种植而快速消耗，如果土壤养分完全耗尽，想要恢复就需要更复杂、更漫长的过程。此外，不同蔬菜作物对不同养分的需求量及摄取速度不同，当某一种蔬菜收割后，土壤中剩余的养分（及其他性状）依然或者常常更加适合另一种蔬菜的种植，因此采用恰当的轮种能满足不同蔬菜的生长需求。通过长期的实践，人们常按照作物养分（特别是氮肥）需求递减的顺序来轮种，即先种绿肥（一般是豆科绿肥），然后依次是叶菜类、块根块茎类、豆类（能固氮，需氮少），最后回到绿肥。当然，这个方案是一个指导方向，实际情况要复杂得多，除了选择想要种植的植物外，还要考虑纬度、气候、植物的生长周期等因素。

合理设计轮种还有其他好处，包括：

● 提高土地利用率　实际生活中，很难年复一年地在同一块地里重复种植几种固定蔬菜而不让土地空置，特别是块根块茎植物、洋葱或大葱等，因为它们生长时间很长（超过半年）。精心设计轮种，通过种植不同季节生长的植物或者生长周期短的填闲植物可以解决这个问题。

● 虫害控制　某些害虫产的卵或幼虫是就地过冬的，且它们侵害的植物范围较窄。轮种会使下一代害虫因找不到相应的寄生植物而饿死。例如，玉米根虫（rootworm）的卵就产在玉米地里，孵化后再吞噬下一茬的玉米。如果实行轮种，下一批庄稼不是玉米，那么玉米根虫就可以得到有效的控制。需要提醒的是，有报道称有些地区玉米根虫已经适应了这种情况，会在玉米田轮种其他作物时生存下来。

● 野草控制　将地被植物或绿肥植物引入轮种体系中，让它们通过对空间、光照、水分和养分的竞争，控制野草的肆意生长。地被植物和绿肥植物的概念不同，地被植物是从土壤空间的利用出发的，而绿肥植物则是从植物的实用功效出发的。在自然田园里，选绿肥植物时常选择同时具有以上两种功能的植物。

● 改良土壤　轮种本身就是种植多样性的一种体现，其结果可减少由于反复种植同种或同类植物而对土壤的结构和其中的微生物环境造成不良影响。

2. 轮种周期设计

轮种设计的指导思想是后一茬作物和前一茬作物的植物类型差别越大越好。例如，深根植物和浅根植物交替（如洋白菜和玉米）种植，氮肥需求高的植物与固氮植物交替（如玉米种在蚕豆后）种植，根系中生物量大的植物和生物量小的植物交替（如红花三叶草和玉米、蚕豆）种植，生长快的植物和生长慢的植物交替种植等。最简单、有效的轮种方法是不同科植物交替种植。

在具体操作时，要设计一个周期至少为 3 ~ 4 年的种植序列，主要蔬菜作物重复出现的次数越少越好，最好只出现一次，即在同一地点每种植物在 3 ~ 4 年的轮作周期内不会重复出现，这样即使对轮种要求高的瓜类和茄果类等蔬菜，也能产生很好地避免连作障碍的效果。但是，对于不会积累病原体的植物，如绿肥（不让它们长大开花）、大头菜、白萝卜、菠菜、生菜等，可以随时随地种植，无需过多考虑出现的频次。轮种地的单元较为灵活，在自然田园中，这个单元宜小，可以是一个园床或一条地垄，然后按种植序列将不同的单元依次错开一年种植。园床的个数最好是轮作周期的倍数，这样容易实现循环式种植。例如，轮种种植序列以 4 年为一周期，那么最好有 8 个园床，床 1 和床 5 从序列中排首位（第一年）的植物开始种，床 2 和床 6 从序列中排在第二年的植物开始种，依此类推。这样序列中出现的植物同一年总有两个园床在种植。第二年，床 1 和床 5 重复第一年的床 2 和床 6，床 2 和床 6 重复第一年的床 3 和床 7，床 3 和床 7 重复第一年的床 4 和床 8，床 4 和床 8 重复第一年的床 1 和床 5，实现循环式种植。

下面介绍美国 4 ~ 6 气候区设计的以 7 年为一周期的轮种序列（资料来源于 http://www.gardenfornutrition.org/网站）。在美国，气候区是以一年中出现的最低气温划分的。气候区 4 ~ 6 的最低温度范围为 −39 ~ 18℃，相当于中国的东北，在那里种植常见暖季蔬菜的时间很短。需要注意的是，茄果类植物（包括辣椒、西红柿、茄子）不在此方案中，在应用时可以酌情考虑。

第一年

开春：种植接种过的绿色豌豆，种满园床。

仲春：种植绿肥如德国小米（German millet）、玉米红花（corn safflower）、豇豆（cowpea）、绿豆（mung）等。

初秋：将绿肥植物在打籽前全部割除，然后种植羽衣甘蓝（collards）、著莛菜、芜菁（turnip，图 3. 22）、油菜。

仲秋：在覆盖物薄的地方，种上红花三叶草作为活体覆盖物。

晚冬：将剩余的有机物用割草机打碎。

第二年

开春：种亚麻（即蓖麻）用于地盖。

仲春：割亚麻，种秋葵。

第三年

早春：撒茴香（aniseed）和乳蓟（milk thistle）种子，移植洋葱、大葱、芹菜、香芹。

仲/晚春：边收获边种植白苋、（工业）麻（hemp，图 3. 23 a）、田菁（sesbania）、菽麻（sewnee，3. 23 b）、苔麸（teff）等作为绿肥植物。

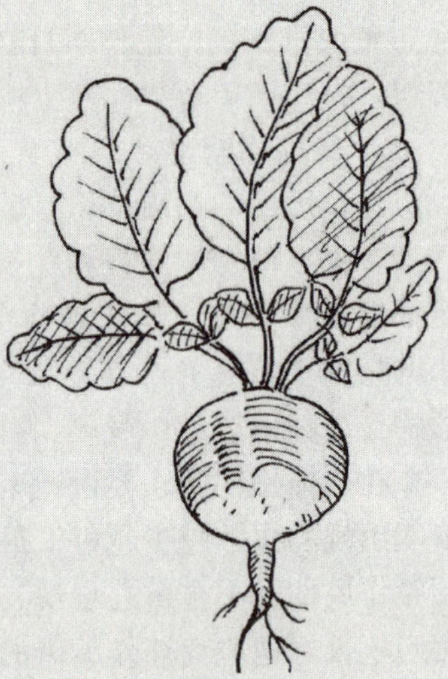

图 3. 22 芜菁

(a)（工业）麻

(b) 菽麻

图 3. 23 麻与菽麻

注：（工业）麻与食用的大麻形状相似，且它们的植物学名一样；但大麻在大部分地方是禁止私自种植的。（工业）麻籽特殊的营养价值近来已被发现，所以已有人在尝试做商业开发；菽麻与（工业）麻完全不同，它开黄花，是豆科植物，通常用作绿肥，成片种植，开花时形同油菜花。

秋天：割掉/捣烂绿肥植物，种荞麦（buckwheat）、大麦（barley）、家山黧豆（chickling vetch）。移植甜香雪球、金盏花、旱金莲、黄菊花、菊花、勋章菊（gazania）和金鱼草（snapdragon）。

隆冬：将残留的绿肥植物割下。

第四年

开春：种植接过种的绿色豌豆，种满园床。

仲春：收豌豆，将植物秸秆割掉。种植绿肥植物，如德国小米、玉米红花、芝麻、豇豆和绿豆。

初秋：将绿肥植物在打籽前全部割掉，种植羽衣甘蓝、莙荙菜、芜菁、油菜。

仲秋：在覆盖物薄的地方，种上红花三叶草作为活体覆盖物。

晚冬：将剩余的有机物用割草机打碎。

第五年

开春：种亚麻用作绿肥植物。

早春：割亚麻，移植旱地稻谷，铺上厚厚的部分分解的木屑作为覆盖物。

初秋：收稻谷，将残根留在地里。种植裸麦（highland barley）或黑小麦（triticale）、毛苕子（hairy vetch）。

第六年

早春：待秋天种植的植物开花，然后割下卷起作覆盖物。

移植小南瓜（butternut），让它们爬上架子。间种高粱（sorghum）、白苋（amaranth）、麻、风信子（hyacinth）、葛藤（kudzu）、紫花苜蓿（alfalfa）作为替换覆盖物。

初秋：收割夏季的绿肥植物，种植来年用的覆盖植物如荞麦、家山黧豆、罗汉豆、冬季紫花豌豆、小白菜（brassica campestris）、油菜、芥菜、紫花苜蓿。

晚秋：收获小南瓜。

初冬：在严寒来临前，卷起覆盖植物。

第七年

初春：种植胡萝卜、红甜菜、菊苣、糖甜菜、欧防风、婆罗门参和白萝卜。

仲春：随着覆盖物的减少，种植葫芦巴作为活体覆盖物，移植香雪球。

初夏：收获大部分的胡萝卜和甜菜，同时种植苜蓿。

秋天：收获菊苣叶及菊苣、欧防风、婆罗门参的根，同时种燕麦作为绿肥植物，并留一些来春作种子。

冬天：从其他园床移植洋葱、大葱、芹菜、香芹、羽衣甘蓝、莙荙菜、欧防风和油菜的根作为来春的种子。

用木屑作覆盖物。

这个轮种方案比较复杂，设计时有以下几个方面需要考虑：

- 种植大量的绿肥或地被植物，也可以用作覆盖物（木屑也被用作覆盖物）。
- 不需要暖房或冷架。
- 除了绿肥植物外，每种植物每两年出现一次。
- 7年中有5年在种植高钙高镁作物，大部分含钙作物种在不含钙的作物后。
- 整年都有作物在提供叶酸和维生素K。初春：芦笋；仲春：芜菁、荨麻和蒲公英叶片；晚春：豌豆；初夏：灰菜；夏：秋葵；秋：菊苣、芜菁；晚秋：羽衣甘蓝；初冬：大葱、莙荙菜；晚冬：西伯利亚莙荙菜；晚冬/初春：洋葱、甜菜根。
- 晚春到初夏种的植物大部分对偶发的霜和冰雹有一定的抵御能力。
- 大量使用移苗的方法，即不在园床上撒籽。
- 在较冷的地区将燕麦用作秋季的绿肥，冬天燕麦被彻底冻死，土壤在来年的早春可以开始种植。

但是，该实例的轮作周期过长。在一般的自然田园中，轮作周期过长不容易实现循环式轮作栽培，因此轮作周期以3～4年为宜。而且，在实施时可能要随机应变，以适应不断出现的变化。

（六）自撒籽菜园

如果植物的籽（种子）完全成熟后洒落在田里，到该出芽的时候能自行出芽、生长，对于园丁和农夫来说，这无疑是最具有吸引力的。事实上，所有开花植物都具有这一特性，它们之间的差别在于（特别在田园环境下），有些植物能够有效地通过该方式繁殖，而另外一些则不那么有效。前一种植物可称为自撒籽植物，它们可自行完成收籽、存放、播种、育苗等作业。自撒籽植物还有一定的选籽功能，因为自然一般会选择比较健康的母体来繁殖，这些母体的籽出芽的机会较大，而且能在最适宜的时机发芽，长出来的幼苗一般也比较健壮。但是自行生长的植物在时间、地点和植物间距等方面不一定完全符合人们的需求，因此恰当的管理也是必需的，如长得太密了的白萝卜必须疏苗。自撒籽植物在地里生长的时间延长，开的花也留存得更久，所以能更好地发挥活体土壤覆盖物的作用，并且有利于益虫生存。

在自然田园中，自撒籽菜园经常采用荒野床。当植物的籽落下后，土壤（包括覆盖物）的任何翻动都会影响植物的自我繁殖，可能起到促进作用，也可能起到妨碍作用，但往往后者更加明显。因此，需要专门留一块地，任由这些植物生长繁殖，除了收获外，尽量不施加人工干预，不去翻动土壤，这样的地有时也被叫作“种子库”。荒野床就是一个典型的例子，这样的地方可以专门用作“育苗床”，让多种自撒籽植物在上面打籽、发芽，待植苗成长到一定大小后再移植到别处。值得注意的是，在这种情况下，不同植物之间交叉授粉的现象比较普遍，而交叉授粉会导致下一代变异，但这通常不会无限期进行下去，而是会达到一个稳态。

在操作方法上，只让最强壮的植物打籽，把它们一直留在地里，直到所有的籽基本都落下，但是后期要为它们绑上支撑杆以防倒地腐烂。也可以将留下来打籽用的植物在打籽前移植到其他地方，但这通常会导致它们过早打籽。

能够年复一年自我播种且能自我维护的植物有萝卜、琉璃苣、西红柿、大葱、生菜、向日葵、青葱、蒲公英、多年生四季豆、香菜、香芹、番薯和土豆等（豆类和番薯可成为多年生植物）。

牛蒡、胡萝卜（不同品种表现不一样）等也会自撒籽，但可能要好几年才会自行发芽出土。

（七）菜园种植方法要点

在自然菜园中，让植物健康生长，并让土地得到有效利用的种植和管理规则：

- 不要只种一年生的蔬菜和花卉，也要种多年生的。多年生植物常常有较深的根系，能带回被淋溶的养分，抗旱性能好，并且可为一年生植物遮阴挡风。
- 不要成行、成片种植单一植物，而是要将植株高矮不同、形状不同、根系深浅不同的植物搭配起来种植。
- 多种植开花植物，特别是伞形花植物。将观赏性的花卉、香草和蔬菜一起种植，在靠近居住区的地段多种植装饰性强或生长季节长的蔬菜。
- 不要过早种植。对于暖季蔬菜，要等大地回暖（气温稳定于10 ℃）后再种植，可以先在室内、棚内、热床或冷架上育苗。
- 让长得最强壮的植物打籽，繁殖后代。
- 如果植苗在田里容易受到虫子的攻击，就尽量让它们在少虫的环境下（如温棚里）长得更大一些后再移苗到田园里。

● 勤采摘，促使蔬菜生产更多的叶片，如生菜、银色甜菜，或使有的植物开更多的花，如绿菜花。

● 多种固氮植物，如可食的菜豆和豌豆，或不可食的豆科绿肥。

● 在园床周围或上方搭建植物棚架，利用植物的攀缘特性种植多年生的豆类、佛手瓜、猕猴桃等，提高土地利用率，同时提供遮阴。

● 在旱季加厚覆盖物。对于四季豆、西红柿、玉米等，培土或培覆盖物直到第一片叶子生长出来，以减少灌溉需求。

此外，增加覆盖物可以减少植物的灌溉需求。在植苗或者真正急需浇水的植物旁倒置水瓶进行补水。施肥主要靠覆盖物，肥力依然不足时，可用骨血粉、液态厩肥或鸡粪追肥；至少每两年加一次堆肥。如果土地很贫瘠，则需要在堆肥的基础上增加鸡粪等。一般的野草能够得到适当的控制即可，但难以控制的草类不允许出现，一旦出现要及时拔除。

菜园种植的11个“要”与“不要”

1．不要将植物平直地成排种植，而是要密集地成小片种植，以减少水分蒸发，改善微气候及控制野草。

2．不要频繁浇水。在夏天要利用藤本植物，如爬藤豆和佛手瓜的攀缘性为低矮植物遮阴。

3．不一定要将砖石彻底清理出菜园，有时可以适当利用砖石作为覆盖物，特别是用于植苗覆盖，以减少蒸发，提高温度。

4．不要采用常规裸露的耕耘床或非耕床，而是要将幼苗直接种在覆盖物下，或其他非裸露的园床中。

5．不要在没有实现控制或还没有准备种植的地方清理野草，要利用野草培肥土壤，增加生物量。

6．不要花费很多时间拔除种植区域的野草，对浅根蔬菜周边的深根野草如蒲公英，或深根蔬菜周边的一年生浅根野草不必过于在意。

7．不要形成常规的“播种作物—长野草—拔野草”的循环。要因地制宜，种植受野草影响小的植物，如选择深植的玉米和爬藤的黄瓜等。

8．不要每年都播撒种子，要充分利用植物自撒籽特性，并种植多年生植物。

9. 不要总是人工掘地，要善于利用有掘地能力的块根块茎植物，如白萝卜、大头菜（芜菁）或土豆。

10. 不要将注意力放在正常出现的病虫害上，要设法让更多的作物长起来，以保证一定的收获。

11. 不要总是种植嫩的生菜和芹菜，也可种植比较“老”的如菊苣（chicory）、中国芹菜、白苋、牛蒡、块根菠菜（新西兰菠菜）等作物。

二、果树林的种植

在自然田园中，果树的种植也有别于传统的果园，所以这里采用“果树林”一词，以示区分。

（一）果树林的营造

在常规的果园中，果树品种相对单一，树的高度、大小、间距都比较均匀，以防互相阻挡光线，且便于采摘。但是，要让这样一个果园正常健康地发展需要提供很多的“服务”，如土壤的培肥、覆盖、授粉、野草控制、害虫或鸟类的防控等。此外，还需要防风、防霜、防寒，保持灌溉和适度的遮阴，而这些“服务”大多由人提供。但是在自然森林中，这些“服务”是由环境和树木自己提供的，并使自然系统保持相对稳定和可持续发展。

果树林种植法就是通过模仿自然森林，恢复和利用果树和其他辅助树木的固有功能，让果园自己提供这些“服务”。具体方法是仿照自然森林的多层结构和多样性，选择最优的植物依赖群，包括尽可能多可食或可用的物种，并充分考虑植物的大小（特别是成熟时的高度和树盖的大小）或阳光需求，合理地进行空间配置。换句话说，果树林种植法是以植物依赖群为单元组合形成的食物森林。

虽然果树林模仿自然森林结构，但两者不一完全相同。受田园面积的制约，果树林用果树（它们常常被整枝）替代自然森林中最高层（树盖）的树木，然而大多数果树的高度在自然森林中只能算作次层植物。当然，也有一些果树能长得很大很高，如核桃树、鳄梨等。

在营造果树林生态时，植被生态系统演替的特点给了我们两点启发：第一，设计的食物森林在将来应该遵循的演替要与自然演替同向而行；第二，无须从头开始营造一个食物森林。

第一，是指在预测食物森林营造后若干年的自然演化进程中呈现的面貌时，可以以自然体系的演化趋势为依据。在这期间，人为的介入，即对树林的管护，包括砍伐和取代，也要大体遵循这个趋势。当然，系统中并不是所有的植物都会均匀演化，许多一年生的植物或短寿命的草本植物的演化速度要比树木快得多。观察林地中草本植物的演化特征和速度，对于清理外来的野草，取代以本地植物（有的被称为“本地野草”）或其他有用植物有借鉴作用。

第二，在生态系统演化序列中，从植物的多样性（包括产品的多样性）、自然资源（特别是阳光）的利用、微气候环境优化、物质的就地循环和能量的多级利用等各方面而言，以中后阶段为最佳。中后阶段也就是从草本阶段（如大火烧过新砍伐的树林）到完全成熟的森林的过渡阶段，这一阶段以灌木层和小树林为特征，间以零星分布的较大型树木，以及一些阳光能直接照射到的地面之处的草本（包括蔬菜地）层所组成的群落。因此，营造果树林时可以直接种植已经长到一定大小的树木，跳到这个序列的中后阶段，也就是从临时灌木丛或小树林开始，那样效率最高。当然，没有必要千篇一律，在自然田园的不同地方（地块），可以依据不同的制约条件和需要选择不同的类型，组成所谓的缝合型树林（图 3.24）。例如，假设已经有了一小片成熟的小树林果园，就留下来作为“成熟树林地块”，如果要留一小片地用于蔬菜种植，那么就将其作为“新扰动地块”。

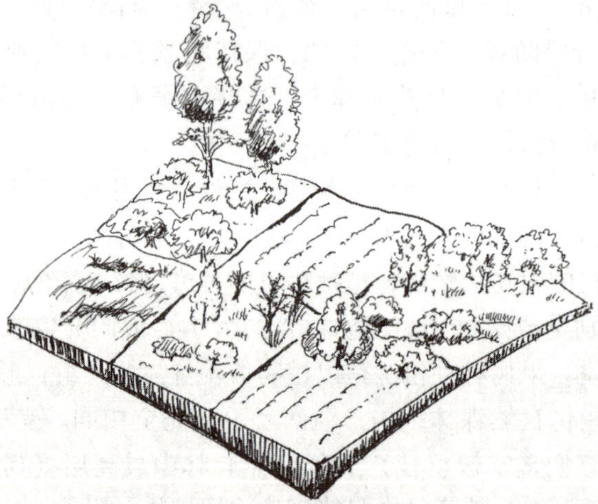

图 3.24　缝合型树林

果树林也可叫作食物林，林中除了常见的果树如柑橘类、苹果和梨、核果类（桃和杏）外，还有许多其他类型的可食植物如莓果类、坚果类、香草和多年生蔬菜等，有时还有草药如人参及蘑菇灯等各种食用菌。

果树除了为人类和家禽、家畜提供食物外，也能起到其他树木同等的生态作用，包括微气候调节作用。果树往往开大量的花，为蜂蝶提供食物，但同时也会吸引某些害虫，如果蝇。有些果树有一定的观赏价值，如柑橘树、柿子树等。即使在一般的小型庭院中，也可以用果树来取代一般树木。

将非常规果园的可食植物引入果树林的另一个目的是增加产品（图版1）。它们大多是一些能容忍部分遮阴的植物，可以种在水果树的下面或周边，大大提高土地利用效率。

在自然田园的果树林中，如果场地不是很大，一个植物依赖群常常是围绕一棵中心树（最好是果树）而种植的一组植物，中心树周围的叫作周边植物。周边植物是次层植物，它们通常是比中心植物矮一些的树、灌木或草本。但是如果场地较大，一个植物依赖群的中心可以有几棵树，它们可以都是果树，或与“服务”型树木（如固氮类的刺槐）组合，而周边植物也可以再有自己的周边植物，从而形成多个植物依赖群。在考虑植物依赖群的植物高度时，要知道几乎所有常见果树都有矮种的类型，其中大部分是人工培育类型，有些通过嫁接在矮型的砧木上实现。矮种果树易采摘易管理，抗常见病能力也强，还有利于交叉授粉或雌雄同树。但是矮种一般不会非常强壮，寿命也比较短，所以如果场地足够大，可不考虑选择矮种植物，或者至少有一部分是野生品种，强壮高大的树木对于改善生态环境和建立有利微气候更有效。

图3.25是以一棵苹果树为中心的植物依赖群组合的实例，这种以果树为中心，树下草本植物为辅构成的植物依赖群组合形态上近似常规的果园，但是多了

图3.25　苹果树组合

果树下的低矮植物，使它具备了自然森林的功能。从这个形态出发，如果场地较大但土壤贫瘠，同时又希望植物依赖群的自我维护能力更强，则可以在苹果树周围种几棵（如四棵）豆科的小型乔木或灌木如苜蓿树，长期为苹果树提供氮肥及覆盖材料；或者在中心苹果树周边种植一些稍矮的果树，再在周边果树的四周种上植物依赖群中的服务型灌木、草本、地被植物或藤本植物。在这种形态的植物依赖群中，果树可种得稍密，这样它们组合在一起，就更接近自然森林。在这里，微气候调节作用更加明显，甚至可以将亚热带的柑橘（相对更喜欢热）和温带的苹果种在一起，或许还可以在温带种植亚热带的木瓜和鳄梨。

苹果树组合

交叉授粉：另一棵苹果树（不需同一品种）。
益虫植物：莳萝、香菜、茴香、欧防风。
害虫驱散：旱金莲（防蚜虫）。
野草压制：球茎类如洋水仙或郁金香；葱类如香葱、韭菜或大蒜。
覆盖植物：紫草、洋姜、大黄。
养分积累：紫草、蒲公英、西洋蓍草。
固氮物质：草本如三叶草、苜蓿、四季豆、豌豆；灌木或小树木如金合欢、木豆树。
防鸟植物：佛手瓜、樱桃（牺牲树）。

除了植物种类外，植物之间的距离也是要考虑的重要因素。植物间距影响采光，特别是当树木都成熟后相互之间会有遮挡。通常是将周边植物种在中心植物成熟后的滴水线上：一是这里距中心树干已有一定的距离，根系的竞争减弱了，周边植物能得到一定的阳光；二是周边植物能有效地利用从中心树的叶片上滴下的雨水。树形（可以通过修枝来改变）及是否落叶对树下植物的阳光利用影响也很大。将果树上低矮的枝剪去，这样树下可以种植更多的植物，也有利于空气流通。苹果、李子、核桃等落叶树，在落叶期间会为树下及树后的植物提供更多的阳光。

一般来说，和菜园相比，果园或果树林需要的照料少，这是因为一方面树木生长速度慢，当树木扎下根后，它们能更有效地汲取土壤深部的水分和养分，比草本和灌木长得更加强壮；另一方面，在自然田园中，果树林一般离住家较远，范围也更大，所以不能像菜园（图版 2）一样给予日常的照料，如察看、浇水、除草等，这就要求果树林能充分发挥系统的自我照料能力。果树林的场地准备可以灵活运用各种园床方法。如果土地长期使用化肥或农药，可以采用厚土栽培床的方法；如果需要利用固氮植物作为主要的氮素养分提供者，则可以考虑先将这些树苗进行菌根及根瘤菌接种；假如土壤荒芜已久，又十分贫瘠，可以暂且把它当作菜园，适当地耕耘土地，施一些有机肥，然后种植绿肥和一年生的蔬菜，收获后废弃物用作覆盖物，通过这样的方法将施加的有机肥“锁”（通过吸附或螯合）在有机物中，最后变成土壤的有机物和腐殖质。在土壤得到一定程度的改良后，再开始植树造“林”。

耐阴的常见果树林可食性植物

果树：苹果、梨、樱桃、李、木瓜、树番茄。
灌木：蓝莓、鹅莓、其他莓果、醋栗、费约果、枸杞。
草本：各类香草如西洋芹、薄荷、大黄。
块根：番薯、人参、辣根、洋姜。
地盖：草莓、旱金莲、匍匐型莓果、草本。
藤本：各种莓果、葡萄、佛手瓜。
菌类：各种蘑菇（食用菌），包括灵芝。

营造果树林时，一般先种中心树（因为它们比较强壮），在它们扎下根并成长到一定大小后（也许需要几年时间）再种周围的植物。周围植物也要先种植强壮的、不太需要人或其他植物照料的品种。种完树，再种灌木，最后种草本。之所以按照由强到弱的顺序种植，是因为强壮的植物生存力强，它们扎下根后，可为弱小植物提供温暖有利的生长环境。但是不能等到中心树完全长大后再开始种植周边植物，这样有限的阳光会阻碍周边植物的生长。

当然，具体实践中可以灵活处理，如一开始可种植合适的草本植物来占领土地。

假如周边植物是服务型的固氮类植物（包括乔木和灌木），如苹果树与周边的苜蓿树，可以将它们一起种下，但要注意控制周边植物的长势，否则会因阳光遮挡影响中心树木生长。大部分固氮类植物生长快、寿命短，让它们快速成林能更好地发挥服务作用；当需要更多的土地时，逐步将它们砍伐（使依附在根上的氮逐步脱离，被土壤吸收）后用作覆盖，就地种上另一种周边乔木或灌木。

自然田园中，果树林的营造充分顺应并利用了植物生态系统的演化规律（图3.26）。在植物生态系统演化过程中，除了专门种植的植物外，还有野草入侵。自然田园方法不是要对抗这种入侵，而是要有意引导，并善加利用。一年生的野草相对于果树而言只有微弱的竞争力，所以不需要太在意。

营造果树林之前，需要认真考虑阳光、水分的供应及通道等因素，来确定植物依赖群之间的相互距离，使它们成熟之后能连成一片树林。也可以先将它们分散种植，然后逐步考虑将它们往外扩展，或在它们之间增加新的植物依赖群。

图3.26　森林田园的演化示意图

食物林的功能

● 不但可以常年为人类提供食物，而且也能为园子里的鸟和其它动物提供食物。

● 固氮植物为树木提供养分、覆盖物，以及为树苗提供防风服务。

● 树下一年四季都有花开，使得益虫和授粉蜂蝶飞舞，害虫得到有效控制。

食物林的种植要点

● 将高低不同的树（同一种或不同种）种在一起，以有效利用阳光。

● 树木之间的距离不宜太大也不要成行、成列种植（如呈直线），而是要种成自然的小树林状，这样有利于害虫控制，防止鸟类偷食，抑制野草，保持湿气。

- 树下种植三叶草、苜蓿和香草。
- 尽量少剪枝，让它们自然生长。
- 优先种植开花的乡土植物和地被植物。
- 让藤本爬上枝条遮蔽果实，减少因虫鸟偷食的损失。
- 种植不同种类和品种、不同季节生长的果树，以促进交叉授粉，延长收获时间。
- 种植免维护的树种，如白桑果树、枫糖浆树、石榴树。
- 采用矮种果树如矮种苹果树作为树篱，让围栏上挂满百香果、奇异果或葡萄。
- 如果因鸟类偷食损失较大，可以悬挂印有巨型眼睛的吓鸟气球。

（二）果树整枝

果树整枝有多重目的。首先，已经死去的枝条需要及时剪去，一是改善视觉效果，二是防止病、虫或腐烂向健康的枝体蔓延。毫无疑问，这对所有灌木和乔木都适用。其次，通过整枝可避免枝条之间的相互接触、相互摩擦，减少病菌积累，并改善通风和透光条件。再次，整枝能加快树枝的生长（图 3. 27）。

图 3. 27　波拉德法整枝后的桦树（凡·高作品）

注：波拉德法整枝是西方常用的一种整枝方法。它能促使嫩枝大量快速生长，修整下的树枝用来做工艺日用品、饲料或烧火等。

对于整枝需要考虑的是整枝的频率、整枝的幅度及整枝后的形状等。一般整枝后树形几乎都是放射状的，相互没有纵横交错。对于开花植物，包括果树，整枝时最需要考虑的就是花和果实是生长在新生的枝条上还是老枝条上。桃、油桃和杏仁等只在新生的侧枝或从老枝末端新延长的枝条上结果，所以随着果树的“老龄化”，结的果实会越来越靠外，且越来越少。对于这类果树及时或每年整枝一次是有益的。而葡萄、梨、杏、坚果、鳄梨、樱桃等在早期除了修剪死枝外，不需要整枝，否则会妨碍树木的生长和结果。果树在整枝时一般剪去枝条约三分之一的长度。

在常规果园中，果树一般修剪得比较矮小（这与采用了较多矮种品种也有关），而且顶部的中心凹陷，呈“V”字形。这主要是为了便于收获管理，或者为了让更多的阳光照射进去。并且由于常规果园没有多层结构，所以一般分枝出现得越低越好，甚至几乎看不到树的主干（图3.28）。但是在食物林中，果树的种植方法有了变化，成层结构种植、微气候的利用、周边植物和底层植物的引入，因此树木整枝需要更谨慎，特别是当一棵树的整枝会影响其他植物的采光、

图3.28　神职人员的园子（凡·高作品）

注：树木被整枝成“V”字形，而且树枝没有穿插交叉。

空气流通、相互穿插（以保护它们免受鸟的偷食）等时。不同于常规果园，自然田园中由于引入底层植物，所以不能让分枝在很低的地方出现。另外，人工培育的矮型品种及嫁接的果树虽然在某些方面（如抗病虫害性能及单体果实的大小）有优势，但是总体上看，自然的“高大”品种更强壮且更长寿，产量也更高。这些乡土品种的果树，果实并不生长在新枝上，如果种植在可以让它们尽情生长的地方，就可以减少整枝。日本自然农业先驱者福冈正信也一再强调减少整枝，他认为，现在许多树木之所以要整枝，是因为它们经过长期的培育失去了“自然型”，因此在自然田园中鼓励恢复“自然型”具有十分深远的意义。

通过外力干预让果树枝条往下垂也是一种整枝方法。具体操作与盆景植物造型相似，用拴住重物如石头的绳索将树枝往下拉，或用类似的其他方法固定枝条。这样做有许多好处：一是减小营养物质向枝端运送时的阻力，让果实更容易获得养分；二是枝条向下弯曲促进新的侧枝（往上）生长，从而促进果实生长；三是高度下降使得枝杈树叶更加密集，方便采摘，而鸟类难以进入。因此，果实累累压弯了枝头的确是好事。

福冈正信的果树林

福冈正信（1913—2008）是首先提出并毕生实践“自然农法”的人。他的自然农法不仅可以应用于水稻、蔬菜，也可用于果树林。

树木与次层植物的组合：

- 不落叶果树（如柑橘、枇杷）+ 蜂斗菜、荞麦。
- 落叶果树（如核桃、柿子、杏、苹果、樱桃）+ 天南星科、莲花、姜、荞麦。
- 藤本果树（如葡萄、猕猴桃） + 小米。

固氮树（如金合欢、杨梅属、桤木）+ 绿肥、蔬菜。

绿肥为撒播的一年生植物，包括白花三叶草、紫花苜蓿（从冬到夏播种）；齿状芷蓿（春季播种）；芥菜、羽扇豆、野豌豆（冬季播种）；花生、大豆、豇豆（夏季播种）。

黑荆树（金合欢的一种）是主要的固氮树木。它长到电线杆那么高需要 7 ~ 8 年的时间，那时，将它们砍倒，水平堆放在沟里，再在外面填土，形成土堆，可用于挡土，慢慢转变成梯田。黑荆树虽然会滋生蚜虫、介壳虫等，但也为益虫如瓢虫提供食宿，从而起到虫害控制作用。

此外，三叶草、鸭茅、猫尾草，以及可食用的番薯、葛藤、紫苏等常用来压制野草。

有关整枝，福冈非常强调保持树木“自然型”的重要性，只提倡最小限度的整枝。

为树木整枝就像为动物动手术，剪刀或锯要干净锋利，切口要平整，以防止或降低伤口感染病菌的概率和程度。有些树对整枝非常敏感，如杏树。如果切口较大，最好在切口上涂覆乳胶漆；从切口处开始，自上而下到下一个分叉点或新芽萌发点间的树木通常都会枯死，有时会越过下一个分叉点或新芽萌发点继续枯萎。为了尽量不让这种状况发生，需要掌握正确的整枝方法（图3.29）。

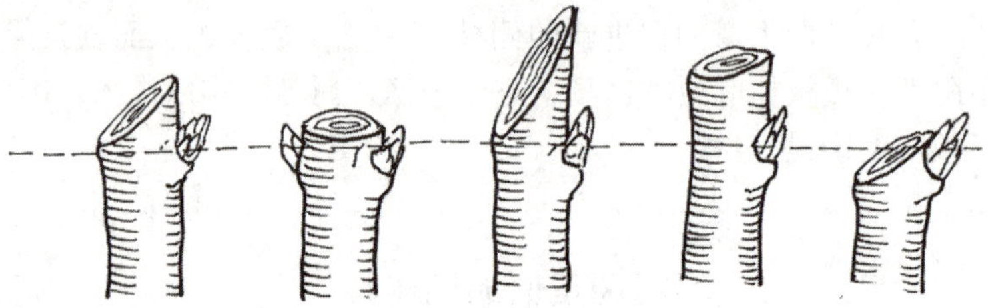

图3.29　整枝的切口与形状

注：（a）45度角，正确；（b）正确；（c）角度太大；（d）距离下一个新芽萌发点太远；（e）切得太低，左边的树汁流不到新芽。（c）和（d）在新芽点都会有一小段由于树汁滞留而枯萎，这种枯萎会进一步向下发展。

树木在整枝后通常需要一段时间来恢复。这时喷洒一些能促进生长、增强抵抗力的液体，如海藻溶液或泡过柳枝的水，对它们的恢复会有所帮助。

三、食用菌菇的种植

食用菌菇是指子实体硕大的可供食用的大型真菌（蕈菌）。食用菌中蛋白质和氨基酸的含量一般是蔬菜和水果的几倍到几十倍，并且具有多种药用价值。自然界中，菌菇的种类极其繁多，但大部分是有毒的，只有受过专门训练的人才知道哪些野生菌菇是可食用的。

食用菌菇不是从土壤中生长出来的，而是生长在干草（或其腐熟料）、木质材料或其他农林废弃物等基质上，如草菇、平菇、蘑菇等生长在草料上，香菇、木耳、银耳、猴头、金针菇、滑菇等生长在枯树干或木段上，松口蘑、牛肝菌等与植物根共同生长被称为菌根真菌。木质（如树干）的生长基质比草质更耐久，可以反复使用多次。这些菌菇从富含有机质的基质中吸取养分，孢子萌发长出白色或浅色的菌丝体，条件适宜时形成子实体（出菇），成为人们喜食的佳品。此外，它们还能快速分解基质，所以它们也是生态系统的还原者。

在食用菌菇中，蘑菇即白蘑菇（或称洋蘑菇）是最为常见的。蘑菇需要较为严格的生长条件，如微弱的光线、恒温恒湿的条件、特定的栽培基质，因此它们通常在人工控制的室内环境中生长，不是自然田园的良好选择。另一类食用菌菇可以在自然条件下生长，如香菇、平菇、草菇、大球盖菇和硫黄菌、灵芝等。其中，香菇和平菇种植最为广泛；硫黄菌味道像鸡肉，所以西方称为木头鸡（chicken-of-the-woods），常见于道旁的死树枝；灵芝不但可以在枯木上生长，也可以在鲜活的树枝上生长。这些食用菌菇非常适合在潮湿的小树林内生长（图 3. 30）。

(a) 直接生长在木桩上　　(b) 间接生长在埋有树桩的土壤中

图 3. 30　在树桩上种植食用菌菇

食用菌菇的培育是从组织培养开始的。以非白蘑菇类菌菇为例，先是从母本（从食品店里买来的也可以用）上用刀取下一小块放在装有营养液（通常是胶体）的培养皿中。在这个阶段，要防止其他菌类的感染，所有的器皿和培养液都要高温消毒。所有操作要在无菌的环境下进行，最简易的设施是用透明大塑料箱做成配有电扇和密封橡胶手套的操作平台。等组织长大后（出现蘑菇的形状），再将它们分成小块，放入装有麦子等谷物的容器中（也需要高温消毒），这个步骤叫作“接种”。等到菌菇长大后，把它们放到装有干草的袋子或其他容器中，或者放入树干上钻出的孔中，再将孔填死。然后将载体放在室内的某个角落或室外阴暗潮湿的地方，这样菌菇就开始生长了。长大后，随用随取（图 3. 31）。

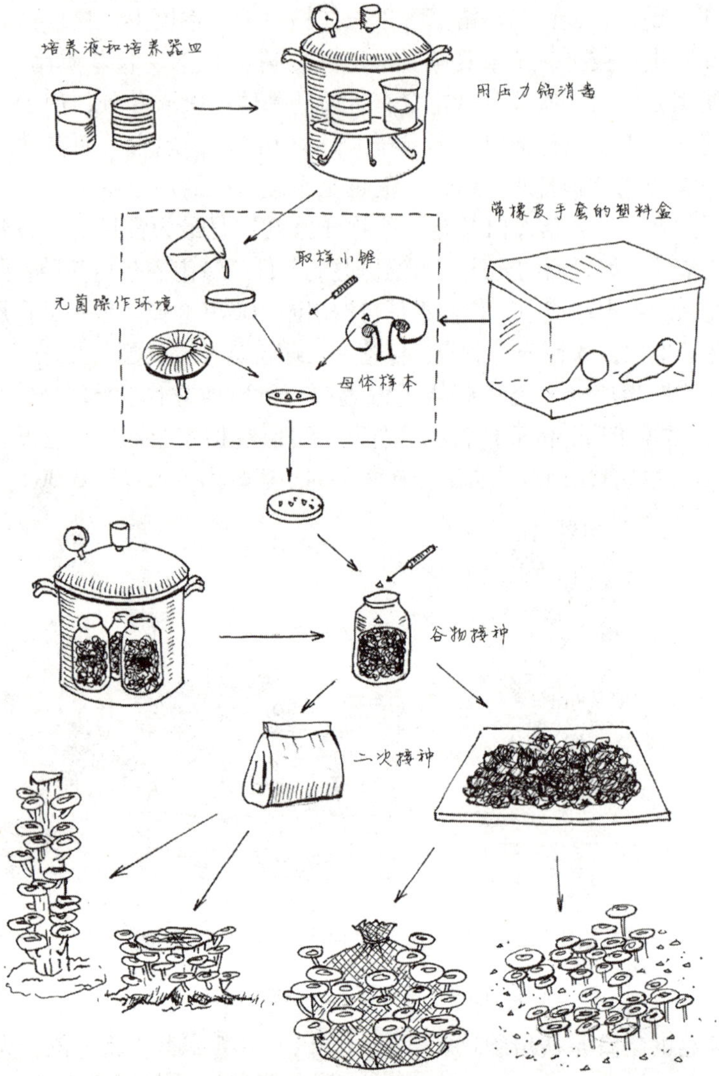

图 3.31　食用菌菇培养流程示意图

四、香草和花卉的种植

（一）香草的种植

香草包括烹饪香草、药用香草、香料香草等。烹饪香草大多数用作佐料，并且不同的国家、地区使用不同的烹饪香草。例如，在中国的烹饪中，使用韭菜、茴香、香菜等，所以将它们归为蔬菜类。药用香草，或者称为草药，全世界多种文化里都有，可以说在现代医学出现之前，香草一直是最主要的药物。在中国，以草药为药物的传统医学保留至今并还在延续发展，《本草纲目》是一部最经典的关于草药的著作。《本草纲目》中的大部分植物药都可以归为香草。有许多香料香草可以提取精油，如薰衣草。

《本草纲目》

《本草纲目》由明朝著名医学家李时珍（1518—1593）编写，书中记载药物近2000种，其中大部分是植物药，而植物药中大部分是草本，即草药。他把草药分为山草、芳草、湿草、毒草、蔓草、水草、石草、苔草、杂草等类。

十二种常见草本中草药

人参

功能：补气，增强免疫力，抗衰老。

习性和繁殖：多年生草本，喜阴凉。种植成本高，土壤需非常肥沃，生长在较密的树荫下（所以适合作为可食林中的草本层）。由籽繁殖，籽需冷冻数月之久。发芽和生长缓慢，易得病，需要5年时间才能收获。

当归

功能：根具有补血活血的功效，适用于妇科病治疗。

习性和繁殖：多年生草本，以富含有机质的砂质土壤为好，喜凉。由籽种植，但发芽比较难，两到三年开花；在开花前需将花草掐掉，否则植物会死亡。

大黄

功能：根具有通便泻火、抗菌解毒等功效。

习性和繁殖：西方菜园中最常见的多年生草本，喜凉、耐寒、喜沃土。其茎可制作甜酱，味如红果酱。由种子繁殖，可以将种子放在湿布上发芽。由于中医取其根，故在开花前将花茎除去。

山药

功能：根具有滋补、助消化、敛虚汗、止泻等功效。

习性和繁殖：草质藤本，由块根分根繁殖，需要肥沃且深厚的土壤，喜温暖向阳。由于其枝叶大，故需要搭设棚架。如果土壤太贫瘠或颗粒不均匀，也可以在直立或斜卧的粗塑料管或U形槽中生长。

藿香

功能：根具有芳香祛暑、和胃、止呕等功效。

习性和繁殖：多年生草本，喜温暖阳光，也可在半树荫的环境下生长。由种子繁殖或宿根繁殖。一旦长大，便不太受其他因素制约。

决明子

功能：籽具有清肺、明目、通便等功效。

习性和繁殖：一年生粗壮草本，分布广泛如同野草。喜阳，可以在任何土壤中生长。由种子繁殖，能自行撒籽生长。

黄芪

功能：具有补气的功效。

习性和繁殖：多年生草本，适合种在中等或较贫瘠的略呈碱性的土壤中，不需施加堆肥或厩肥。由种子繁殖，籽的壳较厚，可用锉刀或砂纸打薄后用温水浸泡过夜。

白茅根

功能：根有凉血、止血的功效。

习性和繁殖：禾本科的草本，喜光喜沃土，需要覆盖，生长缓慢；在温暖地区生长旺盛且开花；反之也能生长，但不开花。由分根繁殖。

薏苡仁

功能：籽有利水渗湿、健脾、除痹、清热等功效。

习性和繁殖：禾本科的一年生草本，形同小玉米，自撒籽能力强；喜阳光、潮湿的土壤，要注意防风。在早春种植撒播，可将种子在温水中浸泡过夜。

甘草

功能：根有清热解毒、祛痰止咳的功效。

习性和繁殖：豆科多年生草本植物，喜阳光，主要产于干旱、夏热冬寒的地区，适合排水良好的砂质土壤。由种子繁殖。

何首乌

功能：根具有解毒、润肠通便、消痈等功效。

习性和繁殖：多年生缠绕藤本。喜暖，喜湿润、富含有机质的土壤，宜种在抬升的有大量堆肥的园床上，且需要支架。由种子、分根或扦插繁殖。

金银花

功能：花具有清心、排毒、祛风热等功效。

习性和繁殖：多年生藤本或由藤本培育成的树型小灌木，花有清香，几乎能生长在任何土壤中。生命力强，在许多田园中成为难以控制的野草。由种子或扦插繁殖。

提醒：这里所列出的功能仅作参考，食用需谨慎。

香草大多数是多年生的，有些虽在冬天地上部分枯死，但来年春天仍会长出新苗，因此被称为宿根植物。它们不像一年生蔬菜那样对养分有较高的需求，且比较耐寒，不需要多少照料。但也有例外，像罗勒就需要精心照料。香草大多会窜根，生命力较强，如柠檬草可以用来阻挡草皮的入侵，并稳定堤岸；迷迭香对于斜坡的土壤有较强的保持能力。各种香草，特别是薄荷、香芹、紫草等能压制大部分野草。不过需要注意的是，薄荷可能会因长势过于茂盛而难以控制；紫草（图3.32）生长期较长，但是一旦蔓延开来也很难控制，当然它也可为田园提供大量高品质的覆盖和堆肥材料。因此，对于香草要控制它们的生长范围，如在边界挖深沟或使用阻挡物。《本草纲目》中提到，炭能阻挡竹木的根，因此可以尝试采用在深沟内填炭的方法控制香草蔓延。

图3.32　紫草

注：我们常说得紫草其实包括两个不同种类的香草。本书所说的是comfrey，是自然田园中常用的养分积累植物；另一种是lithospermum，是中医中提到的紫草，其根有补气、明目和解毒的功效。

香草大多有比较浓郁的气味，所以才叫作香草。由于具有各种气味，它们或多或少对各种昆虫有免疫或驱离作用。大多数香草会开花，可吸引蜜蜂为菜果园的植物授粉。此外，多数香草是多年生植物，可以为过冬的益虫提供必要的食物和栖所。有许多香草，如迷迭香、薰衣草等，其叶片的表面有一层含油的物质，它们经雨水冲刷落到地面，可能会抑制周围的植物，特别是蔬菜的生长。这类香草不能与蔬菜种得太近，常常将它们种在园床的两端，或种在盆里以便于随时移动，将其放置在合适的地方。

在传统的花园里，特别是在南欧，香草种植非常广泛。它们不单为纯观赏性的花园增加了有使用价值的植物（烹饪或制作成香料），而且自身也有各种欣赏价值。有些香草开的花小而密，簇拥在一起非常美丽；有些香草如薰衣草、琉璃苣等，即使单个花朵也很有特色。它们的叶片有独特的颜色（以银灰色最独特）、质感（如有深深的纹理或毛茸茸的）和各种各样的形状。用匍匐百里香或春黄菊铺成的“草坪”被认为是最奢侈的草坪。西方比较正规的庭院花坛的经典组合之一是用黄杨木等组成树篱围成圈，圈中种上玫瑰，在玫瑰之间种植密密的薰衣草或猫薄荷，它们不但可压制野草，而且具有防虫的效果。成片种植的薰衣草也很吸引人，鼠尾草和羊耳朵也是填充空间的常见香草。

屈原的《离骚》和香草

屈原是我国著名的爱国诗人，他常常以香草比喻自己的高洁。在他的长诗《离骚》中出现了十多种香草名，实属罕见。以《离骚》为主要代表的《楚辞》中共有二十多种香草，分别是江离、白芷、泽兰、蕙（九层塔）、茹（柴胡）、留夷（芍药）、揭车（珍珠菜）、杜衡、菊、杜若（高良姜）、胡（大蒜）、绳（蛇床）、荪（昌蒲）、苹（田字草）、襄荷、石兰（石斛）、枲（大麻）、三秀（灵芝）、藁本、芭（芭蕉）、射干及捻支（红花）等。与之相对的是恶草、野草（应该从古代文化的角度来理解），它们有蒺、箓、葹、艾、茅、榝等。此外，还有香木十二种，分别是木兰、椒、桂、薜荔、食茱萸、橘、柚、桂花、桢、甘棠、竹及柏。

资料来源　潘富俊：《楚辞植物图鉴》，吕胜由摄影，猫头鹰出版社，2002 年。

香草常常在香草茶园中大量种植。特别是在欧洲，香草茶园常被设计成一系列对称的规则排列的园床的组合，或者将一个大园床分隔成若干小的部分，如将一个大的圆形种植床按放射状排列分割成若干部分，形如轮子。它们常常建在阳光充足的地方，如在有围墙的庭院里。香草按照类型、颜色和大小（特别是高度）分类种植在不同的区间，形成美丽的图案。这样的香草园可用于休闲或心理治疗，种植的香草也可用作茶的添加香料。在自然田园里，充分种植香草可为授粉动物提供大量食物和栖息地，它们散发出的浓郁香气对害虫也有一定的驱散作用。将香草和蔬菜分开但相邻种植的方法，可减少因菜地野草侵入而影响香草观赏的效果。

（二）花卉的种植

作为生态系统中不可缺少的重要部分，以观赏性为主的花木花卉也是自然送给人们最美好的礼物。几乎所有的蔬菜、香草和果树都是开花植物。在以种植蔬菜瓜果为主的自然田园中，小范围种植观赏性的花卉完全合适，在生态方面也是有益的。这既是对自己的一种奖赏，也是对自然的回报。

花不但深深地吸引着人类，也深深地吸引着授粉动物（如蜂、蝶）和益虫，当然还有害虫。一个生态区域中，本土蜂个头的大小和本土植物花的大小有关，如澳大利亚大多数本土植物的花较小，所以本土蜂的个头也小；亚洲蜂比欧洲蜂个头要小些也是同样的道理。在自然田园里，种花的主要目的除了美化环境外，就是吸引授粉动物。

有的花卉可以作为牺牲植物或警示植物，即一旦田园出现病虫害的异常，它们首先得病或被害虫攻击，这样可减轻作物的受损程度，同时也为人们争取到时间增强防护。例如，在葡萄园的边缘种植白玫瑰可以警示白粉病，而在苹果园的边缘种植几棵樱桃树作为牺牲植物，可以保护苹果树。

在菜园里种花还有一些其他的实际意义，如旱金莲的叶片可以食用，且维生素 C 含量很高，它还能驱赶很多种类的害虫，特别是南瓜和洋白菜家族的害虫，同时也会利用自己吸引芽虫来保护作物。但是旱金莲要适当管理，以防长势过于茂盛，从而变成“野草”。金盏花是西红柿、土豆、大白菜等的伴侣植物，它能驱赶土壤线虫（如果土壤线虫肆虐，需要在整块土壤上密集种植金盏花）。

在自然田园中，蔬菜和果树的种植方法基本上也适用于花木的种植。譬如，采用多样性的密集种植来控制害虫和野草的袭扰；采用自然方法，如种植香豌豆或红花三叶草等固氮植物，为其他花木花卉提供养分。种在树下的花卉，如洋水仙和郁金香等球茎花卉及各种旱地莲花等，在春天破土而出，可以为树木提供覆盖，为底土遮阳并阻挡野草；到了秋冬季节，待它们凋谢后，在留出来的空地上铺上厚厚的木屑或其他覆盖物，为土壤保温保水并抑制残余的野草（图 3.33）。

(a) 冬季采用木屑　　(b) 春天用密集种植的花卉

图 3.33　温带地区树木覆盖的季节性方案

（三）农舍式花园营造

在自然田园中，花要种得更“自然”，或者说更有“乡土气息”。爬上拱门的厚厚的玫瑰，吊在屋檐下的重重的紫藤，蔓延在土墙上的密密的红色葡萄叶，都是装饰农舍的首选。点缀在菜园周围的旱金莲、金盏花、香豌豆和罂粟花（如虞美人，而非制鸦片用的品种）等，都是田园的标志性风格。将花卉种在菜地里，或者将菜种在花坛里，可让花园和菜园完美融合。许多生长较慢的蔬菜也具有非常强的装饰性，如杂色君荙菜、辣椒、茄子、甜菜等。

图 3.34　花园（凡·高作品）

虽然乡村田园的审美因人而异，但是长期以来也形成了相对稳定的品位，或者说广受欢迎的风格。英法的农舍式花园很著名且被普遍借鉴。这种风格从乡村发展起来，以花和蔬菜、香草混合种植为特点，就像农人不经意将所有的种子打翻撒落在地里，然后任由它们随意生长后形成的意境。而后这种乡村田园慢慢发展成以花卉为主体的园艺风格，并普及到城镇。现在，这种将各种花卉混合密集种植在花坛中的风格称为农舍式花园（图 3.34）。

农舍式花园多种多样，这里介绍一种比较典雅又不失豪华的设计理念。在园内密集种植几种（如5～10种）多年生或能自行撒籽的草本花卉，间以一年生的花卉及稍高一点儿的灌木（如曼陀罗花）或藤本（如剪成树型的紫藤）。如果觉得鸟能为花园带来生机，就种几棵向日葵（图3.35），它们会给整个花园增添豪华的感觉。多年生的草本花卉一般选择花朵大但开花稀疏的品种，叶片不需要太密，以不完全遮挡后面的花接受阳光为宜；质地要柔软，能在风中摇曳；花和叶片的颜色不要太浓、太深。此外，花卉的叶片和整株的形状对比也很重要，要选不同大小、形状、颜色和质感的品种。街道旁公共场地中经常采用的花如杜鹃花（花太密连成片）或山茶花、栀子花（叶片太深、太密）在诸多方面都不满足这些条件，很少使用；绣球花比较常用，天竺葵族的花可以选择性采用。花床中一般将花按照高度，面朝太阳从矮到高种成几排，以避免阳光遮挡；在最前排留一点儿空间种植一年生花卉，让花园不时有些变化。

图3.35　有向日葵的花园（凡·高作品）

注：如此密集种植的向日葵可以起到挡风作用，并为人或家禽提供不少食物，为蜂和其他益虫提供花蜜和花粉，为田园提供大量覆盖材料。

如果种植的一年生花卉可以自行撒籽，那么需要维护的时间可以缩短。高大些的灌木或藤本按照一定的间隔种植，这样可在花坛的整齐轮廓线上增加一点韵律；它们的总数一般为奇数，以求灵活变化的感觉。要种得看似随意，实则独具匠心。总之，花卉品种的选择及种植方法要和公共场地景观或花坛中普遍采用的方法形成反差，显得主人更有品位，更懂园艺。

典雅风格农舍式花园花卉选择

大波斯菊（一年生）
香叶天竺葵
天蓝绣球花
翠雀属
锦葵属
鼠尾草属
西班牙薰衣草
金鱼草属
风铃草属
婆婆纳属
百合属
玉簪属
熊耳草
月季或丛生玫瑰
木曼陀罗属

小型的农舍式花园一般建在边界，如围栏旁、前院墙角旁或草坪周围（图版3）。因为花卉种得密集，野草一般不会形成威胁。如果无法确定自己的田园适合种什么样的花卉，那就让自然来选择，选一个下雨天将自己心仪的所有花籽撒在地上，然后让它们自然生长。通过自然的选择、竞争和淘汰，适合的花卉会在相应的“生态位”扎下根来，然后适当取舍，一个真正的农舍花园就形成了。适当地引入具有装饰作用的蔬菜和香草，可以增强实用性。

图 3. 36　花田（凡·高作品）

如果场地较大，也可以将花种成类似野花的花海，方法是将花种混合后撒播，让它们自由生长（图 3. 36）。混合花种时需要注意：首先，要将多年生和一年生的花卉按一定比例混合（多年生的可以占 70%），虽然一年生的花也能自行撒籽，来年继续生长，但是多年生的更有保证。其次，还需将春天和秋天开花的花种进行混合。至于花的颜色可按照个人喜好，既可以将不同颜色的区分开来种植，也可以将不同颜色的混合种在一起。

与农舍型花园不同，大面积种植时选择的花卉大多有很浓的色彩和很强的生命力。常用的多年生花卉有大花金鸡菊（黄色，花期6—8月）、美丽月见草（粉紫色，花期4—10月）、天人菊（褐红色的花，黄色的边，花期7—10月）、常夏石竹（粉白相间，花期5—9月）、黑心菊（褐蕊黄瓣，花期6—10月）、大滨菊（黄蕊白瓣，花期6—7月）。常用的一年生花卉有波斯菊（白、粉、紫等色，花期6—8月，叶如茴香）、虞美人（红、黄、白等色，花期4—6月）、矢车菊（蓝、紫、白色，花期5—8月）、百日草（杂色，花期6—10月）、硫华菊（橙色为主，花期6—11月）、花菱草（黄、红等色，花期4—8月）。野花组合通常两年后达到稳定效果，一年生物种逐渐退化被多年生占领，所以如果需要，可以补播一年生的花种。这种风格的花园建在空旷、朝阳的地方，且不同野花的高度应相近。

（四）特殊区域花卉的种植

与蔬菜相比，花卉的适应性更强，特别是对阳光的适应范围较宽，需要的养分也较少，病虫害特别是虫害较少，不太适合种植蔬菜瓜果（或者种植代价太大）的地方可以考虑种花。因此，在所谓的比较不利的气候和地域条件下，也形成了不同风格的花园类型。例如，在阳光很好，土壤很浅且多砾石的地方，可以修建岩石花园（图3.37）；在经年炎热干燥的地带，可以种植多汁植物，营造墨西哥式花园，或种植其他沙漠物种，营造沙漠花园；在温暖潮湿，阳光不足的地方，可以营造以室内花卉为特征的亚热带树荫花园；在常年潮湿积水的地方，种植湿生或水生植物，营造湿地花园；在雨天承接大量屋顶雨水的地方营造出雨水花园。

图3.37　*Montmajour*（凡·高作品）

注：该图描绘的是一个岩石花园。

花卉不仅可以种在花坛或花园里，也可以种在自然环境中，让它们真正成为自然的一部分（图3.38）。根据自然背景的不同，大体可以分成草原模式和小树

图 3.38 *Montmajour*（凡·高作品）

注：巨大的岩石为各种花卉提供了各自所需的生态位。

林模式。草原模式一般是将花卉种在较为野生的草地或人工草坪上，以自然的草原生态为模仿对象；而小树林模式则是将花卉种在树林中，主要是为了将“美丽”带进小树林，并能为授粉动物提供更多的食物，它们对生态的贡献相对较小，因为主要植被依然是那些树木。

在草原模式中，在自然田园的天然草地或人工草坪上撒下或植入适合相同气候条件的野花或在类似生态中生存的草本花卉，如各种杂色野菊花、球茎植物（如洋水仙）等，随着时间的演化逐渐成为一个准草原生态系统。在这里，没有一种或几种花卉占绝对主导。

需要特别注意的是，如果草的根状茎特别旺盛，如亚热带的狼尾草，那么这片草地就不适合种植花卉，因为这些草会主导整个区域，并且它们会长得很长，为虫子提供藏匿之地。这样的草地需要适当的管理，如在秋季用手工工具（如镰刀）割一次草。创造人工草原环境，不仅仅是为增添美景，还能改善生态，吸引更多的益虫和授粉动物，并成为人们观察自然、向自然学习的好地方。

适合较冷的温带或高山草原模式的花卉

田旋花（field bindweed）
法国菊（ox-eye daisy）
夏枯草（selfheal）
藏红花属（Crocus）
花格贝母（fritillary meleagris）
雪花莲属（Snowdrop）
蓝铃花属（harebell）
野水仙（wild daffadilly）

在小树林模式中，如果是自然的以本土树种为主的小树林，就需要先将风格或者主题确定下来，再选择采用本土的花卉还是外来品种。与草原模式不同的是，这里可以种植匍匐的花卉，甚至种植青苔，让其成为地毯式植物。

各类花园的植物选择

● 岩石花园植物

选择原则：花色单调但鲜艳，呈白、黄或紫红色；花和叶片小而密，较矮或匍匐，通常外形比较整齐，呈平或弧形，适应多石较浅较贫的土壤。

适合植物：筷子芥（Arabis）、岩生庭荠（basket-of-gold）、长生草属（sempervivum）、夏雪草（snow-in-summer）、红色百里香（red thyme）、肥皂草属（soapwort）、针叶天蓝绣球（phlox subulata）、屈曲花属（candytuft）。

● 沙漠花园植物

选择原则：与岩石花园相似。

适合植物：多肉类植物，如各种仙人掌；沙漠向日葵（desert sun-flower）、沙漠莲（desert lotus）、沙漠蒲公英（desert dandelion）、沙漠薰衣草（desert lavender）、沙地马鞭草（sand verbena）、月见草属（evening primrose）、沙漠毒菊。

● 湿地花园植物

选择原则：耐涝。

适合植物：野菊花如黑心金光菊（rudbeckia hirta）、法国菊（ox-eye-daisy）、紫锥花（echinacea）；报春花属（Primula）、半边莲（Chinese lobelia）、千屈菜（Lythrum salicaria）、落新妇（Astilbe chinensis）、鸢尾属（Iris）、灯心草属（Juncus）、芦苇。

● 亚热带树荫花园植物

选择原则：有很鲜艳的花朵或杂色的叶。

适合植物：各种蕨类、凤梨（bromeliad）、野生姜、马蹄莲、君子兰（kaffir lily）、花叶芋（caladium）、海棠花（begonia）、火鹤花（anthurium andraeanum）。

● 雨水花园植物

选择原则：与湿地花园基本相同，细微的差别是，植物不但要耐涝，还要耐旱。

适合植物：上述适合湿地花园的植物也适合雨水花园。尽量采用本地的深根植物。许多野草和菊花也有较强的湿气吸附能力，木麻黄、竹子和柳树等适合较大的场地。

五、动物与自然田园种植的关系

自然田园中的动物具有破坏性，需要防护，但只要善加利用，也可以起到积极的作用。理解这一点，非常重要。

（一）野生动物与自然田园种植的关系

动物通过取食植物生长、发育和繁殖，为人类提供禽、肉、蛋、蜂蜜等产品，是生态系统中的次级生产者。同时，它们还是养分循环的参与者，尤其是那些原生动物（如蚯蚓），它们跟微生物一样发挥着生态系统还原者的作用。在自然田园中，动物还发挥着助理管理员的作用。植物是地球上的初级生产者，它们通过光合作用把无机物转化为有机物，为地球上所有的生命体提供能量来源，可以说植物在自然演化中发挥着决定性的作用。但是，有了动物的积极加入，植物所发挥的作用得到了加强，效率也有了进一步提高。例如，授粉动物的加入，使得植物授粉的成功率和效率得到提高；鸟类偷吃瓜果可以将种子传播出去；蚯蚓的活动大大改善了土壤结构。所有素食动物都参与自然界植物的养分循环，而肉食动物则参与动物的养分循环。动物还是养分的积累者，就连它们的排泄物也含有大量的养分。通过动物的取食或者其他活动，生态系统可以长久得保持健康状态。害虫通过优先攻击病弱的植物，保障植物的优生优育；在非洲的大草原，正是由于大象将多余的树木推倒，才防止大草原演化成为森林群落。在自然田园中，我们更是在有意识地创造既顺应自然发展，又适合人类居住的生态环境。

在自然环境中，我们要保护那些直接发挥积极作用的野生动物，包括为了采花蜜四处为植物授粉的蜂和蝶（蝴蝶数量不宜过多，因为它们的幼虫大多是害虫）；以害虫为食，使得害虫数量得以控制的有益昆虫和两栖类（如蛙类）、爬行类（如蜥蜴）动物；通过吃食落果中的害虫完成生命循环的鸟类及起养分积累作用的鸟类（如鸽子可有效积累磷元素）。

首先，在自然田园中，不采用除草剂和杀虫剂，尽量不采用化肥，这是第一步，也是最重要的一步。其次，采用多样性的种植，如将蔬菜、果树和其他“服务”型的树木、香草和花卉等种在一起，重视多年生植物等，为授粉动物和益虫、鸟类等提供食物和过冬的栖所。在生态环境非常恶劣的田园里，如长期使用杀虫剂，鸟类稀少甚至绝迹，可以专门种植为鸟类提供食物的植物，增加鸟类的数量，再利用它们控制田园中的害虫。不过，在大多数生态环境良好的田园中，只需要将果树林中采摘不到的果实喂食鸟类就可以了。另外，不要因为本土蜂不产蜜就忽视它们，它们在当地的生态演化中发挥着积极的作用，所以尽可能在田园中保留或种植一定数量的本土植物，为本土蜂提供食物。覆盖物要和土壤接触，为蚯蚓的繁殖提供条件。

对于蜂和益虫，可以人工为它们修造栖所，也可以叫“昆虫旅馆”（图3.39）。方法是取不同大小的中空的自然材料如竹枝，将一面开口，另一面封口，捆绑在一起；也可以在一块没有经过化学处理的木板上密密麻麻地钻上不同大小（直径最大半厘米左右）的不穿透的孔。秋冬时节，当昆虫入住后，它们会将入口处用泥等封住，以“宣誓”这个房间已经被占领了。不同大小的昆虫会选择最适合它们入住的“房间”。不过，这个过程可能很长。

图 3.39　昆虫旅馆

两栖类动物（主要是青蛙）是捕食蜗牛和鼻涕虫的好手。白天它们栖息在大白菜等植物的叶片底下，晚上回到水塘。水塘里需要密集种植有枝条露出水面的水生植物，以便它们躲藏。水塘的边缘要有平坦的堤岸，水塘中要放置几块露出水面的岩石，或者在水面上漂浮几块深色的泡沫块体，以便它们跳入跳出。水塘中不要放养较大的鱼类，以免它们吃掉青蛙的卵。总之，要使水塘保持独立且健康的生态环境（图3.40）。

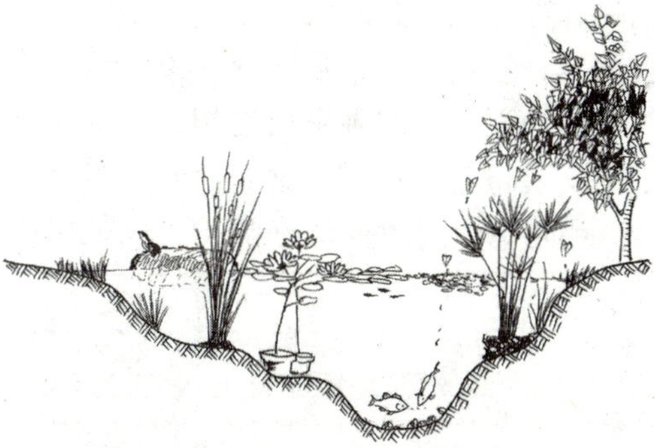

图 3.40　水塘

爬行类动物（如蜥蜴）也是捕食蜗牛和鼻涕虫的好手。它们或许会自己在草地上打一个深孔居住；如果将大大小小的树干树枝松散地堆积在一个角落，并且长时间不去挪动，在那里落户的蜥蜴的数量会增加。猫和蛇是蜥蜴的天敌。

动物在生态系统中所起的作用既有积极的一面，也有消极的一面。需要特别注意的是，从昆虫到鸟类，再到大型陆地动物，都可能会对种植的可食植物造成毁灭性的破坏。有些动物可能会将刚种下去的幼苗一扫而光；有些不但吃食果子，还毁坏种子，使果实未熟先落。对于这些，都要用心提防。

(二) 驯养动物与自然田园种植的关系

除了野生动物，许多动物已经被驯化，可以圈养起来。这些被圈养的动物也能起到野生动物在生态系统所发挥的积极的或消极的作用，但是人们可对它们实行一定的控制，从而在最大限度上发挥它们的积极作用，限制它们的消极作用。此外，获得肉食或禽蛋也是在自然田园中养殖家畜、家禽的主要目的。

1. 鸡

鸡可为人们提供鲜美且富有营养价值的肉食，同时又是最能下蛋的禽类。此外，在自然田园中，鸡还有不少其他作用，如鸡在地里刨食时将野草连根拔起，既疏松了土壤表层，又留下粪便给地施了肥；将干草放进鸡舍或将鸡圈养在覆盖物堆上，它们会吃掉一些残留的种子，防止它们意外发芽。

鸡粪中氮的含量较高，是很好的菜园有机肥料。新鲜的鸡粪有较强的氨气味，过多施用易造成蔬菜烧根，所以不要将鸡粪直接施到植物旁，更不要埋进土里。但是鸡在自由寻食时随地排泄的那部分，无需太过担心。

把鸡放入菜园时，要注意保护好幼苗及小树，可事先将幼苗床围起来，或在树的四周放置一些石块、砖块，以防它们将土刨开振动树根，从而影响树木生长。鸡的食性差别很大，如有的喜欢吃蜗牛和鼻涕虫，有的就不吃。不要指望鸡能有效清除叶片上的毛虫，但是对于消灭落果，它们有比较强的战斗力，这些落果内部常常有会繁殖的蛀虫，及时清理落果比消灭可见的害虫更迫切。为了让它们更有效地完成这些任务，在放鸡出笼之前不要将它们喂得太饱。鸡笼不需要太大，可以装上轮子，方便移动（图 3.41）。鸡笼鸡舍周边要做好防护，一是要防止鸡在地下刨坑跑出来，二是要防止狐狸、黄鼠狼从外面刨洞钻进去。固定鸡舍的铁丝网围栏最好插入地下十几厘米，否则需要将铁丝网的底平铺至少二十厘米，用桩固定或用重物压住。活动鸡舍四周可以平放一些木板，但是要定期检查，因为有时狐狸会花几天的时间将洞挖通。鸡笼鸡舍最好是全封闭的，否则围栏要做得很高，并且在顶部做一圈软的围栏。如果田园面

图 3.41 活动鸡笼

积较大，四周有围栏能防止鸡自由出入，中间又有密集种植的树木，也可以将鸡日夜都散养在那里。鸡有寻找安全地方栖息的本能，或干脆在树上过夜，但是损失是免不了的。如果养有大型犬，可以训练它们保护鸡群。

除非鸡的自由觅食范围很大，而且园内生态植被健康茂盛，否则需要考虑为鸡，特别是正在下蛋的鸡提供额外的食物，主要是谷物和蛋白成分含量高的食物。方法是收集自家的厨余，商店里卖不出去又即将过期的食物如面包及饭店、餐厅的剩余食物喂鸡。最好是能与其他人建立互通有无（也可以叫作分享余额）的互惠关系，如用你的过期食物交换我的鸡蛋或其他田园产品。事实上，建立这种关系也是建设自然田园最重要的目标之一。如果这样做仍然不能满足需要，就要考虑专门为鸡或其他禽类种植或养殖食物。在自然田园中，适合鸡的食物有四季豆或豌豆植物（最好晒干粉碎后添加到鸡食中去）、黍、甘蓝植物或向日葵等；冬天，将谷物种子或豆子泡水发芽后再喂鸡可以提高鸡肉和鸡蛋中蛋白的含量，但是不要泡太久，否则芽长得太长，鸡会失去食欲。必要时可以专门养殖虫卵如黄粉虫来喂鸡。如果堆肥中有蚯蚓在大量且快速地生长，也可以考虑用它们来喂鸡。

2. 鸭和鹅

与鸡相比，鸭和鹅对绿色食物的需求略为低些。除非有新种的苗要防止被鸭和鹅的脚蹼踩坏，否则可以较为放心地把它们放养在田园里。当然，它们也会吃掉一些作物，鹅更偏爱高档植物，如水菰（野旱稻）。

鸭子喜欢在水里扑腾，所以最好不要和鸡关在一起。如果园内有池塘，最好在鸭子进出的地方铺上沙子或碎石子，以保持整洁。

鹅有很强的自卫能力，能看家护院，在有人靠近时，它们远远地就会发出叫声。据说鹅还能防蛇，所以它对鸡和鸭有一定的保护作用。

3. 蜂

蜂是最主要的授粉动物。缺乏授粉常常是植物不结果、果实过早脱落、果实形状异常或收获欠佳的主要原因之一。在田园中，仅仅依靠瓜果类蔬菜或果树所开的花，一般不足以吸引足够的蜂来为它们授粉，所以田园中需长期种植一定数量的开花植物，为蜂提供食宿。

蜂的最主要食物是花蜜和花粉，而花蜜、花粉产生于花蕊。花朵虽然都有花蕊，但是如果花瓣过密，花形呈封闭状，就不能有效地为蜂提供食物，所以要尽量种植开放型的开花植物。一般来说，传统植物的花朵是比较开放的，其目的就是为了吸引蜂蝶来为它们传粉，从而繁殖后代。也有的植物，譬如九重葛（bougainvillea），由于花朵比较小，不易被蜂发现，所以花周围的叶片呈（粉）红色，看起来很像花，以此吸引蜂前来授粉。但是，现在流行的培育品种，特别是观赏性的花所具特点却与传统型相反。例如金盏花，传统品种花形呈伞形，受峰喜爱，但是大多数培育品种不但花蕊小，而且被包藏在密密的花瓣中，因此种植前要注意选择花的形状。此外，要保证在一年四季中，特别是在冬天，也有受蜂喜爱的花朵在开放。在自然田园中，可以将植物为授粉动物提供食物的作用与其他作用结合起来，如在轮种序列中种植冬天开花的绿肥或地被植物，如白花三叶草、荞麦或芥菜等；或者将此类植物分散种植，如间种在蔬菜之间或作为植物组合的一部分，或作为果树下的草本层。留下来收获籽粒的植物也要能为授粉动物提供食物。

蜂有群居的和独行的，产蜜的蜜蜂大多是群居的，而野蜂则以独行居多。本地的野蜂适应本地的植物，觅食范围较广、分布广泛，在周围没有蜜蜂的地方，它们是最主要的授粉动物。它们不需要进行管理，只要有足够的食物和适宜的栖所即可。在自然田园中，可以搭建“昆虫旅馆”来为它们提供栖所。

蜜蜂是需要养殖的，除了提供食宿外，还需要经常管理。蜜蜂产的蜂蜜能为人们提供高质量的食物，这对自给自足型的自然田园尤为重要。养殖蜜蜂需要学习专门的知识和技能，许多地方都有养蜂协会或俱乐部等，这里不详细述说。一个蜂箱的蜜蜂需要很多花朵来供养，所以蜜蜂可能需要田园以外的食物，因此周边环境对于是否适合蜜蜂养殖非常关键，并且环境常在变化。

4. 其它动物

兔子、山羊等吃草类家畜具有清理野草的作用。山羊食草的能力很强，故需要限制山羊的活动和取食范围。如果让它们在草坪取食，则要及时更换地方，以防草根被过度啃食。兔子是较理想的提供肉食的家畜。如果有足够的剩余食物，还可以考虑养猪。现代方法认为，猪粪可能会带有病原体，不宜直接在菜园里使用；但是，如果猪以田园植物为食，则猪粪携带病原体的概率会小得多。猫头鹰等在控制鼠类繁殖方面有很大的贡献。

六、影响田园种植的重要环境因子

（一）流水

如果地表不平，雨水在降落到一定量后会在地表以片流或径流的方式流动。这个一定的“量”和许多因素有关，包括土壤性质及水分饱和度、植被、坡度等，可以在雨天通过观测得到一组大概的数据。水流动时会带走土壤，造成土壤及所含养分的流失。此外，雨点打击地面溅射土壤，也会加速土壤侵蚀。如果抬升的园床没有封闭的床围，则土壤流失会很大。在田园中铺上覆盖物或种上地被植物，土壤受损程度会大大减轻；在流水集中且坡度较大的沟壑放置岩石、树桩等，可以减小水流速度及土壤侵蚀速度；还可以在低洼处种植耐湿的有用植物，如香蕉树等。

因地形坡度引起的片流和径流也有有利的一面，它使田园中雨水的收集和储存变得容易许多。通常，可以将雨水收集在水箱或池塘、渗流洼沟，或者直接储存在土壤中。将雨水储存在土壤中往往是最好的方式，可使土壤的深部保持湿润，最大限度地为植物提供水分，并诱使植物的根往深部扎。有良好结构、较多毛管孔隙的土壤易于储水。如果土壤被碾压得比较紧实，流水不易渗入，可以通过深松（沿着等高线深松，效果会更好）却不翻土的方法加以改善。

如果降雨量不足，而水分需求量大的植物局限在比较小的空间内或成线状分布，就需要进行供水调配。可以利用自然坡度，或流水沟壑，或开挖各种各样的沟渠，将雨水引导到目标植物附近的洼地，让雨水在那里短暂停留，并缓慢渗入土壤，被周围的植物利用。可供雨水暂时停留的最有效的地形是一道道沿等高线挖掘的沟，叫作渗流洼沟。由于它们是沿等高线延伸的，所以沟中的水不会顺沟流失，从高坡流下来的水都会经过下一条洼沟。如果有天然或人工的径流沟渠沟壑（垂直）通过洼沟，就要设法在交叉点让水优先排到洼沟中去。洼沟两侧，常常较为湿润，是植树的好地方（图 3. 42）。在沟底铺上粗粝的覆盖物，既可以稳定洼沟的结构，又便于人行走。

图 3. 42　渗流洼沟及周边种植示意图

注：植物（树、多年生或一年生蔬菜、服务型植物等）主要种植在堤岸上，那里土壤的湿度通常比较大，而且植物生长有助于堤的稳固。沟的延伸垂直于坡，也就是水平延伸，这样可以防止水的快速流动。

植物的生长会增加土壤中的生物量，减缓水的渗透速度。径流沟渠中长满植物关系不大，但渗流洼沟需要有一定的渗透性，太多太密的植物会起反作用，故常在沟底铺一层沙石，以保持水分的渗透性。

（二）风

强风的方向一般和该地区的主导风向相关。强风可吹走土壤颗粒，吹干土壤水分，甚至将植物叶片吹干、花瓣吹散、果实吹落、植株吹倒或吹断，非常具有杀伤力。

强风对土壤的危害可通过覆盖来减轻，不过也要注意防止覆盖物本身被风吹走。

防风措施多种多样，在自然田园中利用一些生长较高、较强壮的植物为其他植物防风是最为自然、经济和有效的方法（图 3.43）。防风林、果树林、灌木、多年生植物等都有一定的防风能力（防风能力依次递减），将防风能力最强的植物安置在最外层，其次是防风能力稍弱的植物带，以此类推，再尽量利用现有的固定建筑物和围栏或长满植物的棚架，组成有效且有层次的防风体系。

图 3.43　丝柏（凡·高作品）

注：丝柏的防风作用很强。

风在遇到阻挡时会改变方向，并形成衍生气流，在考虑防风措施时需精心设计。固定建筑物虽然能不让风直接通过，但是受到阻挡的气流会在这个建筑物几倍尺度后降下来或重合在一起。火灾中常能看到火势遇到阻挡后出现跳跃现象，即前后的房子都烧完了，但是中间有几所却完好无损。所以，理想的挡风物应该是半透风的，风通过挡风物后风速会大大减弱，但不会形成大的衍生气流（图 3.44）。树、灌木、树篱、爬上藤的围栏或棚架等组成的挡风带都属于这一类。如果一层挡风物还不够，就多设几层。在菜园中，如果空间很有限，可以在园床的迎风一面或两面，用半透光或半透风的遮阳布做一米多高的围栏来为蔬菜挡风。也可以考虑将某些植株较高的菜园植物，如向日葵、洋姜等种成一圈，为其他对风更敏感的蔬菜如西红柿等挡风。玉米因为本身易于被风吹断或吹倒，所以它的挡风作用有限。

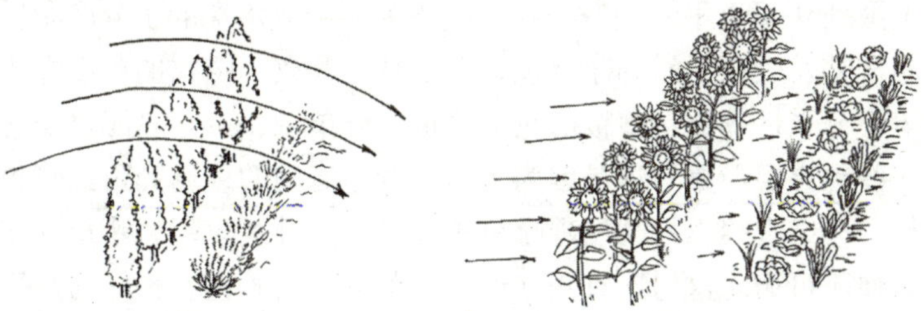

(a) 密集篱笆　　(b) 透风篱笆

图 3.44　风过篱笆

在风口种果树虽然也能起挡风作用，但是容易造成落果或使果树得病，影响水果的收成。

由于树叶对阳光有遮挡和反射作用，这一特性在设计防风林、防风带时也要考虑，并加以利用。阳光反射能力强的树叶一般都有油脂光泽，如柏树、茶树、镜子植物等，将它们围成半圈，朝阳处开放，不仅能挡风，而且里面会产生比空旷处更高的温度，甚至能获得更充足的光照（图 3.45）。在温带和寒带设计防风树也同样重要，利用植物可创造合适的微气候环境。

图 3.45　白杨树（凡·高作品）

注：白杨树常常作为防风树种在道路两旁。但是白杨树在冬天落叶，那时防风作用会减弱。

风在植物生长过程中也有不可替代的积极作用。轻风可以改善田间小气候，防止湿气过度聚集而招致病害，帮助植物授粉，甚至在驱散害虫等方面也能起到非常重要的作用。因此，园中也要防止将植物种植得密不透风。如果园床四周是全封闭的围栏或密集的树篱，就要在一定的间隔留出透风口，同时也方便行人出入。

（三）霜

霜是由于贴近地面的空气受地面辐射冷却的影响大量且快速失去热量，造成温度骤然下降到0 ℃以下，使散布在大气中和凝结成水珠的水分冷凝形成白色冰晶固体。霜常常发生在清澈的净空夜，上空越是开放，结霜的可能性越大。除非田园的地块十分平坦，而且植被的轮廓线也十分单调，否则总能发现有些地方霜冻比另外一些地方要严重。这是因为霜是在低空流动的，遇到阻挡物也会像风一样改变路径。仔细观察，你会发现哪里霜冻最重，哪里较轻，哪里几乎没有，通常有一定的规律可循。这对于有霜冻地区蔬菜植物的种植有很好的参考价值。

霜能使某些过冬的植物（如小青菜）味道更鲜美，但对于其他植物，特别是果菜类蔬菜或亚热带果树，绝对是有害的。许多植物能经历较低的温度，但是经不住一次霜打，所以在有霜冻的地区，在选择植物时要精心考虑。有些怕冻的多年生不落叶的大叶片植物，如君子兰、鸟巢蕨等，在霜冻之前将叶片剪得短短的可以防霜冻；也可以将防霜起绒布盖在上面，四周铺上厚厚的覆盖物，不过这只能帮助它们抗过轻霜。此外，还可以通过浇水和喷灌来防霜。在霜冻来临前给地面浇水，利用水的热容量大的特性使土温、接近地面的气温和作物体温略有升高，免受霜害；喷灌不仅可使地面湿润，还可以让接近地面的空间充满水雾，这些水雾在结冰时放出凝结潜热，可使局部气温升高，减少成霜机会。

（四）火

如果田园在森林的边缘，而且田园中也有不少树木与周边的森林连在一起，那就要考虑森林火灾对田园的影响。

植物一方面能作为燃料，对毁灭性的大火起到推波助澜的负面作用，另一方面如果植物的种类、大小及种植方法得当，也能对火起到阻挡和压制的正面作用。植物对火的正面作用主要表现在两方面：一是阻挡火灾中迸发出来的火星，而火星是火势快速远距离传播的重要方式；二是不易燃的植物（包括树）能延缓火势的直接蔓延。

火势借助风势而蔓延，所以在大面积自然田园中，在构筑防风林时，可以同时考虑它的防火功能。在火灾频发地区，不要种植易燃的树木作为防风林。

易燃的树木一般具有下列一项或几项特征：

- 叶片有浓郁的香味，因为它们常常含有较高的油脂，如松树、桉树。
- 树皮干而厚，并且很粗糙，如许多品种的松树（如黑松）。

● 表皮常流出深色树汁。

蕨类、多汁类、向日葵等非木质含水高的植物一般不易燃；杨柳等虽为木质，但含水量高，也不易燃，可以作为防火植物。

在具体设计田园的防火功能时，可以尝试下面几种简单的方法：

● 尽量不要将易燃的树木种得离房屋太近，特别是种植在下坡，因为火势从下坡向上蔓延更加凶猛。

● 在房屋周围种植不易燃的树木或者防火树木时，要选择高出屋顶几倍的树种，这样才能有效阻挡火星落到房屋上面。

● 最好不要让田园中的树木和周边的树林连成一片。

● 在森林火灾易发地区，及时清理易燃的已经枯死了的树枝及干的落叶。

● 低矮的菜园和花园能起到防火隔离带作用。

● 干草或野草等覆盖物对防火有正面作用，因为它们的内部一般比较潮湿，但是木屑或树皮等覆盖物容易燃烧。

第四章 自然田园的设计

自然田园的设计主要集中于植物的选择和田园的布局两方面。其中，拟选择的植物包括目标植物和辅助植物，而田园的布局包括在何处种植何种植物，以及在何处安置辅助设施和生活设施等。

在设计之前，首先要清楚园主的目的和要求，并形成文本，以便在设计、建造和维护时有据可依。这里的“目的和要求”是指想要得到的结果及可以接受的付出。引言中虽一一列出了大多数人对于自然田园的期望，但那些只是普遍性的期望，而且停留在技术和操作层面上。而在实际设计时，还要分析更具个性且更为具体的要求和期望。譬如，建设自然田园的最主要目的是生产食物来出售，满足自给自足的生活体验需求，还是创造一个宜居的永久生活环境；在性质上，是模仿自然的外貌还是模仿自然的机理，或是建造一个浓缩的自然系统；是优先考虑传统的一年生蔬菜，还是可以考虑一些不常见的多年生蔬菜和香草，或者水果和坚果；是想建设一个家庭型的自然田园，主要为家庭服务并最大限度地做到自给自足，还是建设一个社区园林，需要生产某些农产品来出售；是要在相对较短的时间内有足够的收益，还是偏向于花更多的时间来观察自然；在可利用资源方面，是偏向于就地生产就地消化（即封闭循环型），还是更关注与系统外进行资源互通（即资源分享型）。所有这些都和植物的选择有较大的关系，进而对自然田园的设计产生影响。

但是不管具体的要求是什么，自然田园的设计原理是一致的，是有规律可循的。在具体目标确定后，就可以综合运用各种技术实现这些目标，并最终落实在植物的选择和田园的布局上。

通过长时间的观察，对周围的自然环境有充分的了解是自然田园设计的前提，只有这样才能真正将自然田园和大自然环境融合在一起，并成为自然的一部分，并且更适合人类居住。因此，设计自然田园前，先要做区域分析，即周边的自然环境分析，同时也要做场地分析。

一、区域分析

通过区域分析，可以对即将建设的自然田园所处的环境有一个比较全面的了解，且最好形成文本，以便在随后的设计过程中参考。

（一）气候带

一个地区的气候主要取决于其所处的纬度和海拔。此外，还受大洋、山脉和沙漠等地理单元的影响。气候带主要是依据温度和降雨量等因子做出的最粗略的划分，目前尚没有一种标准的划分方法和统一名称。常说的热带、亚热带、温带和寒带是依据年平均温度来划分的，已经被人们广泛接受，还可以加上诸如“暖”“冷”或“南”“北”等修饰词进一步细分。海拔每升高100米，气温会下降0.4～0.6 ℃，所以对于同一座大山，从低海拔到高海拔往往形成几个不同的气候带。根据年降雨量又可分为湿润带、半湿润带、半干旱带和干旱带，在中国，这4个气候带大体是从东到西、从南至北分布的。其他还有地区性的划分，如地中海气候带等。依据最低温度，即困难度划分区域也是一种方法，具体界线以华氏温度10度为一挡（相当于5～6 ℃），美国和欧洲的部分国家采用这一方法。需要指出的是，传统气候带的划分和困难度区划不一定是吻合的。很多亚热带地区，最低温度常常低至零下10 ℃或更低，但是在澳洲的许多温带甚至较冷温带却很少看到冰。由此可以看出，平均气温对植物的分布和适应性有更重要的影响（当然，也要提防极端的气候）。

每个地区年平均无霜天数也是非常重要的参数，它在很大程度上决定了暖季蔬菜的生长季节。

降雨的分布也非常重要。热带和暖亚热带的大部分地区都是雨热同步的，即温度高的夏季雨量也多，这对植物的生长很有利。而地中海型气候带则以夏季干旱、冬季降雨为特点。对于主要依靠雨水灌溉的自然田园，降雨的分布对于物种的选择，特别是果树的选择，有很大的影响。对于已经成熟的果树林，雨水对于果树的收成（甚至决定该年是大年还是小年），以及水果的品质影响很大。降雨云系和气温的联合作用会产生诸如冰雹等自然灾害现象，严重时会对农作物，特别是蔬菜作物产生极大的破坏性。

盛行风的季节性分布，在沿海地区主要受大洋环流的影响，而在内陆主要受重大地理地形（沙漠、山体等）单元的影响。让人感到不舒服的风，不管是台风还是强风，是燥热干旱的风还是刺骨的寒风，对植物来说大多也是不利的；反之亦然。清风，特别是带着湿气的风，让人感到舒适，一般对于植物也是利大于弊，或者比较容易加以引导。通过观察当地的树木因风产生的形态可以判断盛行风的方向。

当然，气候是变化的，尤其是近几十年来全球气候的变化令人瞩目。如果实际气候情况与该地气候带的划分或平均数据有较大偏差，也不足为奇。

（二）地形

地形的起伏会对气温、风向和风速、地表水的流动和地下水位的深度、霜的流动方向、地表获得太阳辐射的能量等产生影响。如果坡度较大，还会影响单位面积接受太阳辐射的量。向阳的坡接受的太阳辐射多，温度不仅比背阳面高，也比平地温度高。对于一个较长的坡面，坡中段温度相对较高，结霜的机会较少。风在上坡时风速会加快，所以迎风面时，山坡的火灾防护难度会相应增加。

此外，地形也会影响土壤的厚度。冲积平原的土壤一般比较厚，丘陵地带的局部区域，特别是洼地或河流影响的区域，常有较厚的土壤堆积。风化严重的地形，特别是山坡上，一般土壤厚度较薄。这些可以通过观察树木的类型和大小得到启示，直接且较可靠的判断方法是，哪里有大树，哪里就有厚土。

区域地形（如山坡、谷地、平原、高地等地形和朝向等）的大概趋势决定了某些影响植物生长要素的大背景，而田园内部更小范围内的地形变化会在一定程度上对此做出一些调节。譬如，当田园中有池塘或其他水体时，会对水的流动和分布造成局部影响。这时，需要重新观察田园内部水系的分布情况，及集水区的分布，因为这些常会影响土壤的水分含量及水分补给。

（三）周边生态

周边地区的生态类型，如人工林或自然林的规模和类型，农田或牧场的分布，植物（包括本地植物和已归化的外来植物）的主要类型及发育情况，入侵野草的种类，主要害虫和益虫的种类、数量及它们所依赖的植物和危害的庄稼，家禽家畜的主要类型，受到保护的野生动物的出没规律和迁徙路径等，都会影响自然田园的设计，包括植物选择和田园布局。周边生态，为即将修建的田园提供了一个很好的参照，它会告诉你什么植物适合本地的气候和环境，什么是今后要面对的主要挑战等。同时，通过观察植物、动物、地理地形及其他生态环境的相互作用和发展，可以感受并总结出当地自然运行模式的某些特点。因此，周边生态是一个最佳的向自然学习的户外教室。

如果田园周围有许多农业用地，需要关注它们采用的是自然、传统的方法，还是广泛使用化学肥料和除草剂、杀虫剂的常规农业方法。如果是后者，可能会对自然田园产生很大的影响，如除草剂、杀虫剂会随风飘到田园中来，害虫在攻击农业作物的同时也会威胁自然田园的植物，或者让自然田园变成野生动物（包括害虫或益虫）的生存孤岛。

反之，也要评估未来的自然田园可能对周边环境造成的影响，如会不会引入新的外来物种，使它们在当地归化并变成入侵植物，或者自然田园的某一个进程中容许、甚至鼓励的野草或携带病原体的其他植物会不会失去控制而蔓延出边界，从而成为大难题。如果这些有可能发生，在设计时就要尽量避免。例如，可在边界种植能有效阻挡野草的植物。

（四）主要自然灾害

有的自然灾害容易在某一些地方频繁发生，所以了解一个地区自然灾害发生的历史，可以评估它们再次发生的可能性，在自然田园设计和选址时也会更有针对性，或做好充分的心理准备。这里所说的“自然灾害”主要包括火灾、水灾、霜害和飓风等气象灾害，滑坡等地质灾害，以及虫（蝗）灾和区域性的病疫等。这些信息可以从多个方面获取。

自然灾害，特别是生态灾害，常常和生态环境的健康状况有关，如虫灾、病疫、火灾和地质灾害，一旦确定两者之间有关联，就要重点记录，以备参考。随着生态环境的改善，自然灾害可以得到缓解，建设自然田园的目的之一就是修复已经被破坏的自然生态。

（五）文化氛围

文化氛围对于在城市或郊区环境中修建自然田园尤为重要。即使我们的最终目标是设计、建造与自然环境和谐，于生态有利，可持续发展的田园，也需要考虑与周边现有人文环境是否和谐，至少不能有太大冲突。我们必须面对这样一个现实，那就是人们的审美习惯、生活方式，甚至当地的法律规定可能还停留在以消费为主的阶段。譬如，房屋周围的土地主要用来种植观赏性植物，草坪和树篱要修剪得很整齐，人们对所谓的野草和野生动物（包括益虫）有些过度反应等。有些地方政府可能有各种规定，如住家的前院只能种植观赏性的花草树木，不可以种蔬菜，草不能长得过高，或将对自然田园有益的植物界定为“野草”，如三叶草、旱金莲，甚至竹子等。但是随着人们对可持续发展的认识不断深化，越来越多的地方取消了一些限制，人们的观念、审美也在悄悄发生变化。

二、场地分析

场地分析的目的是为田园的具体设计，特别是功能区的设计提供依据。在场地分析的过程中，可以初步考虑未来田园中所需要的各类用地（即功能区）的可选地点。场地分析要做的和区域分析相差不大，只不过要求更具体，并要将分析结果标到草图上。这里，还需要考虑尚不存在但计划在内的事物，如即将要建的建筑物和尚待种植的树木等对微环境和微气候的影响。做完区域分析后，再做场地分析就比较容易了。

土壤分析也可以在这个阶段进行。

（一）底图

如果有卫星地图，可以利用它们确定场地的边界及建筑物的边界。否则，可以利用有关机构保存的场地图或建筑图，也就是底图。

如果场地的地形有起伏但不是太大，仅仅能够使地表水流动，或许只需在底图上标出坡度的方向，也就是水流的方向。如果地形起伏较大，坡地不均且较复杂，或因地势需要做一些土工，最好制作一张粗略的地形等高线图。相邻等高线的高差视具体情况而定。如果场地不大，画十几条等高线就足够了，即如果场地的最大高差是 10 米，等高线的间隔约为 1 米。等高线图是从底图上有确定位置的一个点开始的画的，譬如边界的一个角。如果图上已经有了建筑物的边界，也可以从建筑物的一个角开始。因为等高线都是相对高度，所以这个点将作为其他测量点高度的参考依据，可以将它的高度定为零或其他任意数。从这个点出发，选择另一个测量点，组成一个测段。测段的选择原则：① 测段的选择要尽量使两点之间的地形为直线，保持直线上升或直线下降，而且坡度没有变化。② 两点之间的高差要大于等高线的间隔。测段的测量内容是它们相互之间的距离（相当于直角三角形的斜边）、方位角和倾角。距离和倾角可以换算成高差及水平距离，而通过水平距离和方位角可以将测量点在地图上定位。在完成了两个点后，再找一个新的测量点，与前面两点中的一个点组成新的测段，再重复这个过程，如此进行下去。

智能手机的应用

简单且比较可靠的方法是采用装有罗盘 APP 的智能手机，如 iPhone，利用 APP 来测量两点（测段）之间的方位角和倾角，用皮尺来丈量两点之间的距离。

可以借助照相机和三脚架来提高测量精度。方法是在照相机和三脚架之间夹一个矩形的薄板（如铁皮垫板），照相机的边框与夹板的边缘保持对齐。将照相机取景框的中心对准另一个测量点标杆上的相同高度。然后把智能手机放到夹板上，手机的边缘与夹板的另一条边对齐，使手机和照相机的方向一致，分别读取手机 APP 上的方位角和倾角（图 4.1）。

尽量将已经架上三脚架的测量点用作多个测段，以节省安置三脚架的时间。

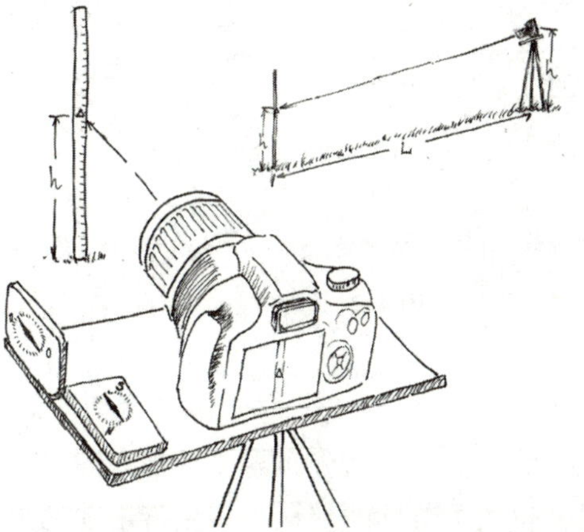

图 4.1　用三脚架、照相机、皮尺、标杆和带罗盘的智能手机进行地形测量

完成测量后，各个测段用插值的方法确定高度（如等高线的间距是 1 米，这时需要点出各个测段上 1，2，3……米高度的点），然后将等高的点用弧线连接起来，勾画出等高线图（图 4.2）。

场地分析时，先要准备若干份草图，图上标出田园中的客观物体和特征，包括田园的边界、现存的建筑物、地貌特征（如陡坡、水体、挡土墙、走道、台地、水泥或砖块地）、植物分布（如大型的或重要的树木、林地、草坪或菜园的轮廓）等，其他需要说明的也标在图上。它们将被用作设计底图。信息标注

（特别是植物的分布状况）的详细程度主要取决于场地的大小。

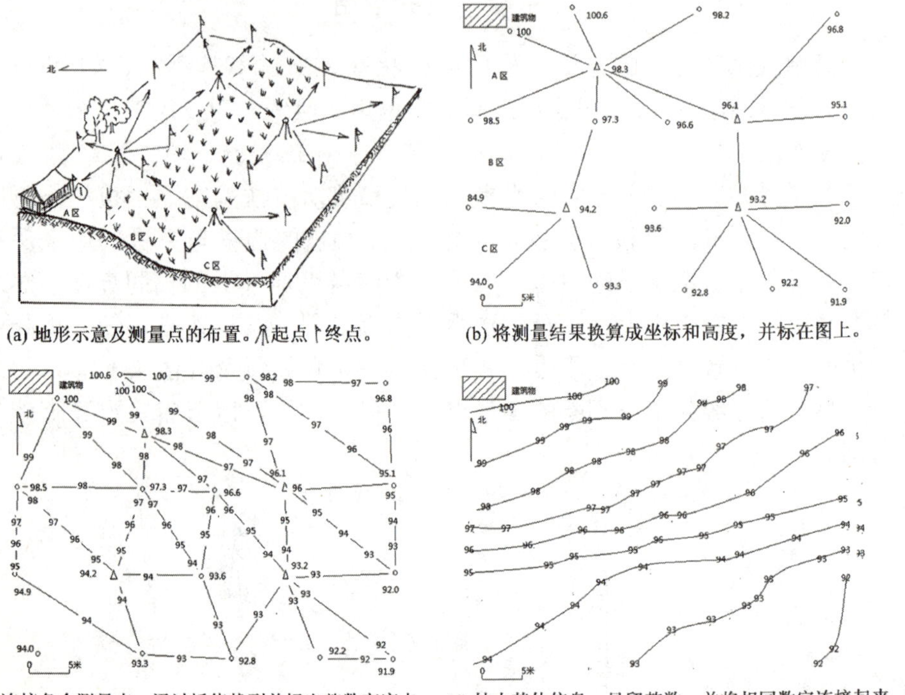

(a) 地形示意及测量点的布置。起点 终点。

(b) 将测量结果换算成坐标和高度，并标在图上。

(c) 连接各个测量点，通过插值找到并标出整数高度点。

(d) 抹去其他信息，只留整数，并将相同数字连接起来。

图 4.2　等高线的绘制

（二）植被

现有植物在场地中的大概分区及分布需要标在底图上。不仅如此，还需要对植物的生长发育情况，包括季节性的变化、病虫害出现的规律及植物依赖群等做一些观测。这不仅为植物种类选择及其种植技术提供重要参考，而且为植被的清理和保留提供依据。

（三）阳光及其阴影

场地的朝向、坡度和高大物体（如建筑物、树木、山体或峭壁）主要决定田园中植物的采光量。太阳高度角（太阳光的入射方向和地平面之间的夹角）一年四季是变化的，所以阳光可以照射到的面积，或者说阳光投下的阴影范围都是随季节而改变的（图 4.3）。如果需要了解当地的太阳轨迹或投影的变化，可以在一个开放无阻挡的地方立一根木桩，然后每一季度在某个晴天观察阳光投下的阴影，在日出、上午、中午、下午和日落时各观察一次，就可以得到阴影扫过的区域，以及何时阴影在何处。如果知道物体的高度和宽度，可以将结果按照比例换算并顺着物体的走向推移，来估计一个建筑物或一棵树所投阴影的范围随时间变化的情况。

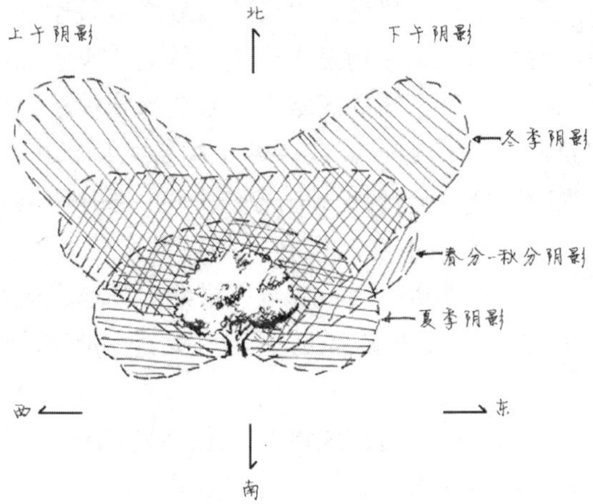

图 4.3　物体的阳光阴影投射

注：该地大约在北纬 40 度（相当于北京）。

落叶树夏季为树下植物提供遮阴，冬天落叶后，对阳光的遮挡程度大大减弱；水体对阳光有反射作用，对于周边的建筑物和植物有利，在上午或下午太阳高度角较低时效果更明显，可以将这些额外的阳光增量标在图上，操作时善加利用。

树的透光程度可以用比较简单的方法来测定。找一个晴朗无云的白天，更理想的是在太阳下山后的黄昏（树叶看上去几乎已经全黑，但是天空还有一定的亮度），带一个分辨高且色散低的数码相机到树下，先观察太阳的方位，然后对准这个方位拍照。注意，太阳不能在相片中，可以通过改变焦距来调整所摄范围。对相片中相点的亮度进行统计。此时，天空的亮度和树枝、树叶有较大的差别，所以比较容易找到分界线。分界线以上的相点占总相点数的百分比就是这个时间段太阳光透射过树叶的百分比。

将这样估计出的阳光阴影的结果标在底图上。由于不同植物所需光照强度不同，底图上的这些信息可为植物选址提供依据。这一方法还可以用于评估将要修建的永久建筑物、临时建筑物（如棚架），以及将要种植的防风林或果树林等将会投下的阴影。结合其他因素分析，如风和温度，它们还可以为建设有利的微气候环境提供帮助。需要注意的是，树是会成长的，因此树所投下的阴影也会随之变化。

（四）风向和通风

区域分析中所采用的分析方法完全可以运用到这里。如果场地中没有高大的树木以及突兀的地形，那么场地中的风和区域中的风基本一致。所以，只需分析哪些因素或物体会改变场地中的风向，以及减缓或增强风速。

风在遇到阻碍物时风向和风速均发生改变。风会从四周绕过完全不透风的物体，在物体后留下一个低压且干燥的区域，然后在远处重新会合。如果风经过一个通道，如两个建筑物之间的走道，或者两个树篱之间的一个走廊，则风速加快。风在顺坡往上吹时速度也会增加。当风吹过一个部分透风的物体，如透风的植物或遮阳布时，风会减速但不会产生很大的风向变化。以区域的风资料为背景，通过这些分析，加上一些实地观察，可以描绘出场地风向和通风程度的大概情况。在分析中，不要完全忽视阵风的影响。此外，还需要区分有利风和有害风。

根据风向分析的结果可以建造防风设施（包括防风林），及为有不同防风需要的植物选址。同时，也可为人们选择舒适的活动场所。

（五）霜和霜流动

区域中霜的发生情况基本上决定了场地内霜的发生情况。但是，场地内的建筑物、有密集树盖的树木、地被植物和覆盖物对场地中霜的分布有局部影响。有时这种影响是比较复杂的，特别是低矮的植物和覆盖物对结霜的影响，有时是正面的，有时却是负面的。一般在密密的树林里或灌木丛里，霜冻机会比较小。虽然霜是水珠水气就地凝结而成，但是霜形成后也有一定的流动性，它们流动的路线及在何处停留可通过实地观察发现，从而确定场地内哪里容易结霜，哪里相对无霜。

（六）微气候分区

根据分析所得的光照时间和强度，气温和潮湿度，通风、背风或冷风聚集的状况，霜冻发生和流动的情况，再考虑池塘、院墙及具有高反射性叶子的植物等对光照和热量的放大或缓冲作用，就可以对场地做微气候区域划分了。在这个过程中，如果遇到比较独特的地貌、边缘或其他条件，需要思考一下这里最适合什么植物或动物生长，有什么特殊用处等，并将它们标注出来。

对于一块平坦且大树少的场地，微气候分区可以简化成一张只和方向有关的方位图。方位图中包括各种盛行风的方向和不同季节的太阳高度角。

除非后期园内会种植大量的树木或者修建新的建筑物，否则田园内的微气候分区会以此为基本格局。

（七）水流

场地内部的坡向大致决定了地表水的流向。如果能画出等高线，则水流方向是垂直与等高线相交的。等高线的凹处代表沟壑（走道和台阶常常会建在那里），水流在此汇集后再向下流去，形成一条径流。它们往往是为池塘或渗流洼沟提供水源的管道，故需要将它们明显地标示出来，如果山洪有可能通过或者田园中某些地方容易被淹，则必须进行标记，以便做特别处理。任何小的地形改变都有可能影响水流方向。土壤的性质则影响何时水开始在地表流动，渗水储水性好的土壤，下雨后要等较长时间才开始有地表水的流动。因此，需要做土壤保湿能力评估，观察下雨后多久地面才出现径流，以及径流的方向或分区。房顶材料也会影响雨水流动，有的房顶（如铁皮顶），下雨后不久就开始有水往下流，雨水收集的效率很高，而不上釉的瓦片则不同。

将水流信息标注在底图上，设计时为池塘、储水设备（如水箱）、渗流洼沟、修建各种特殊地形的花园（如湿地种植的雨水庭院）、水质过滤庭院等的选址提供重要依据，也为估算雨水收集能力提供参考。

（八）土壤

场地中土壤的许多重要特征，如厚度、肥力、保水和排水性能、酸碱度等都可以通过观察植被的发育情况进行判断，甚至场地的某些历史变化，如耕耘、放牧、火灾等也常常可通过植物反映。丘陵地区，在其他条件相同或相似的情况下，观察同一种树木在不同地方的长势差异，基本可以判断土壤厚度的差别。深根的常绿大叶树木，如各种坚果树，常常出现在土壤潮湿但排水良好的地方。酸模、食蕨类、蒲公英、荨麻、三色堇常出现在酸性土壤上。碱性土壤上生长的野草（有的也在盐碱地出现）有胡椒草、垂花飞廉、绯红色紫繁蒌（scarlet pimpernel）、铁线蕨、碱蓬等。有时同一种花在不同的酸碱性环境下开放的颜色也不同，如绣球花在碱性条件下呈红色，而在酸性条件下呈蓝色。植被类型的突变或许反映了火灾发生的界线。

土壤分析包括肉眼观察、黏性测试、实验室分析等。为了对整个地域的土壤有一个客观的认识，土壤取样的点越随机越好。取样的深度要视土壤的厚度而定，最好从表土层穿过心土层直达底土层。一般采用铁铲往下挖一个正方形，边长是一个铲的宽度。将取出的样品按顺序平放在地上，以便对土壤剖面做连续的观察。肉眼能大体上识别土壤生物的活动，以黑色的腐殖质为主的有机物含量，以及在土壤深部是否长期积水等。然后将样品分成表土层、心土层和底土层三堆，每一堆混合均匀后，捣碎，采用等分缩小法①后，作为样品。

黏性测试可以粗略地用手来做，即所谓的“香肠试验”。将土壤样品加水湿透揉匀，然后用双手一边捏，一边将土水平往外挤并使它悬空，再观测被捏成香肠状的土在多长时断裂下落。如果不到一寸，表示土壤是砂质的；多于两寸，则表示黏土含量较高。更细致的方法是将土壤加入一个装有水的广口瓶中，摇匀后放置几个小时，然后观测不同高度物质的浓度，一般黏土依然溶解在水里，砂质土沉到底下，淤泥质在中间。如果有 pH 试纸或粉末，可以测试一下酸碱度。如果有条件，还可以将样品送实验室进行测试，以确定多种重要的化学元素和有机物的含量，以及一些其他的物理和化学特性。

（九）通道、物流和储存地

这些都是为人的出入行走及物资的运送和集散规划的。根据运载工具的不同和通道的使用频率，对通道进行级别分类。在场地分析阶段，首先考虑如何将外面的公路或车道连接到田园，如何进入田园内，如何通向田园内现有的或将来最有可能修建的主要货物（如土壤介质、覆盖物、建筑材料、树苗、田园主产品和副产品等）集散地和储存地。然后，再规划设计次一级的通道。图 4.4 为一个农场的大门。

图 4.4　有干草堆的农场大门（凡·高作品）

注：出入口的位置非常重要，方便是首要考虑的因素，大小和形状也需要认真考虑。

① 等分缩小法：将样品堆混合均匀后堆成一个圆锥体，然后取一半，再将所取的那一半重复这个过程，直到剩下来的量适合作为一个样品保存。

（十）其他

有害物质（包括有害的植物），被严重污染的土壤、水体或水道，容易发生地质灾害（如滑坡）的地方，都需要详细、准确地在底图上标出来。如果有野生动物（但不是破坏性很大的动物）经常行走的路线，也要考虑，并尽可能地保留下来。

如果田园中已经有住房或其他永久建筑物存在，就要察看屋内和室外的环境，确定哪些需要保留或加强，哪些需要遮挡。当然，自然田园中的植物随时在变化、在成长，所以视野也会随之变化。

将上述诸要素分别画成草图后，再叠加在一起，就形成了场地分析的综合图，它可以作为自然田园设计的背景图。

三、自然田园设计

自然田园设计的内容主要包括功能区的划分、景观的塑造和植物的选择。即使在田园的营造过程中还会有不同程度的修改，设计做得越详细越好。大多数情况下，这种设计只有一份，它是田园规划的蓝图。但是如果自然田园规模比较大，要做的工作很多，田园成长时间长且会有几个不同的演化阶段，那就可能需要几份类似的设计，分别描绘不同时期的场景和下一步需要进行的工作。

在自然田园中，比较独特的是田园的成长和演化，特别是植物的成长和植被的演化，它们通常借助自然的力量或遵循自然的机制，所以速度相对缓慢且持续。

（一）功能区的划分

对周边环境有了一定的了解，确定了场地在环境中的相对位置、形状和大小，同时明确了自然田园需达到的主要目的后，在做场地分析时，对于需要修建或安置什么功能区，如果树林、主菜园、暖房、苗圃、物资集散地、水塘、家禽场、活动场地等，大多数情况下已经有了比较成熟的想法。此外，像防风林（带）、防火带等也可以归入功能区。

在功能区选址时，主要依据有两条：第一，是为植物和动物找到最佳位置（生态位），并确定它们之间的相对位置；第二，是从方便性角度出发将它们安置在适合的位置，这里说的“方便性”一般情况下是指距离，主要是指功能区与住房的距离，也可以叫作“距离圈”。地形起伏很大的场地，也要考虑行走是否方便。这两条优先考虑的程度视各种因素而定。有一个方法可以借鉴，即将各个需要的功能区（如一年生菜地、香草园、鸡笼、池塘、堆肥场、育苗床、暖房、凉亭等）写在一张张小卡片上（图4.5），然后翻过来洗一下“牌”，再依次放在场地底图上，再将“牌”翻过来，然后对随机得出的安置方案做一些评判。如此反复多次，或许能获得意想不到的结果（图4.6）。

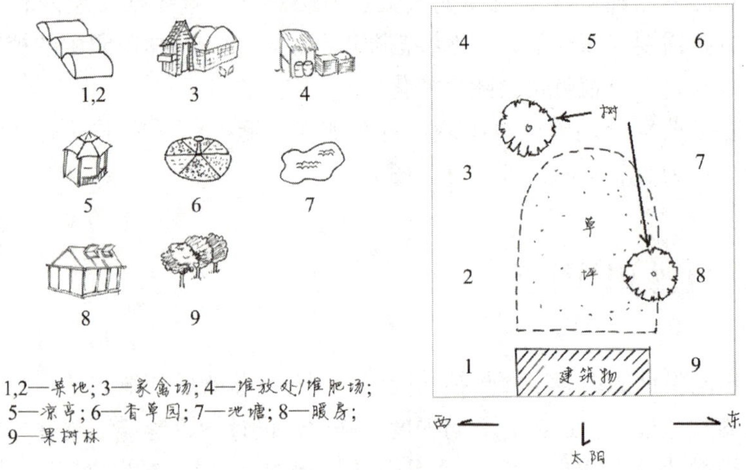

(a) 图例　　(b) 底图及相应位置

图4.5　随机组合

需要说明的是，自然界没有所谓的功能区，在自然田园中做这些功能区划分，完全是为了管理上的便利。功能区的用途并不是，也不应该仅仅局限于指定的功能，在得到控制的情况下，要尽量让不同的功能区巧妙地融合在一起。例如，晚上鸡要关在鸡舍中，如果养殖的鸡多，就要划出一个“鸡栖息活动”功能区。如果菜园和果园防护得当，白天让鸡进入“菜果园”去觅食，这时可以考虑毗邻或在菜果园中设一个或多个活动的鸡舍。尽管这样，鸡栖息活动功能区和菜果园还是需要区分的。有这样一个自然田园，之前鸡是完全放养的，晚上让它们自己上树过夜，以躲避狐狸等，但是鸡的数量不断减少。后来，园主在大树下围了一个圈，每到傍晚，鸡就自己回到圈里或者飞到圈起来的树上，在圈外拴一条大狗，这样既有利于保护鸡群，又有利于积肥和收集鸡蛋。所以说，鸡的栖息活动区域需要划分出来。

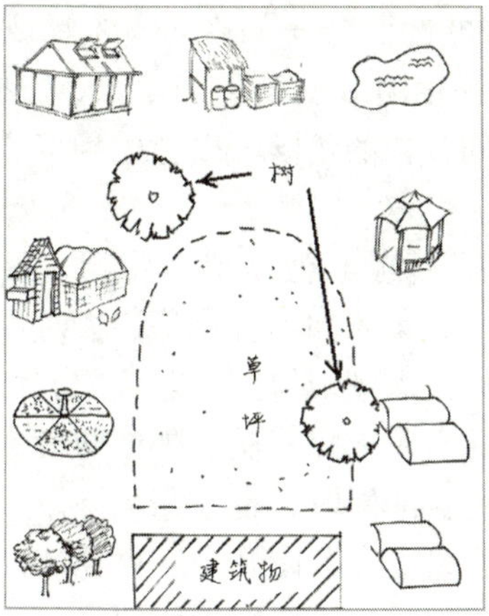

9,6,3,8,4,7,5,2,1

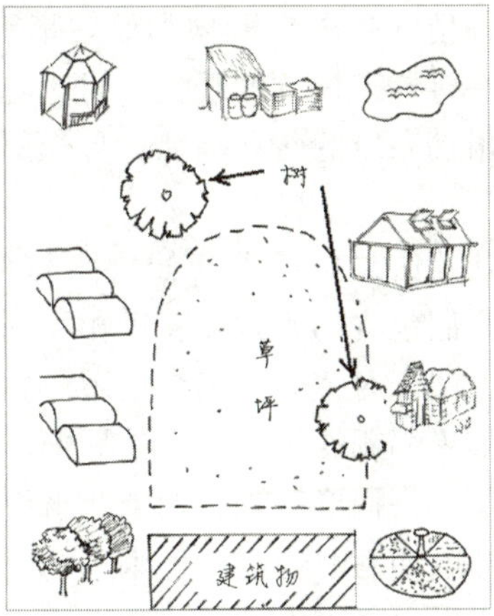

9,1,2,5,4,7,8,3,6

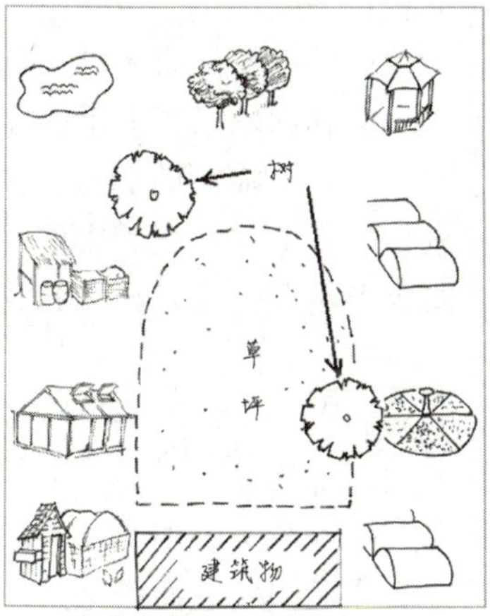

3,8,4,7,9,5,2,6,1

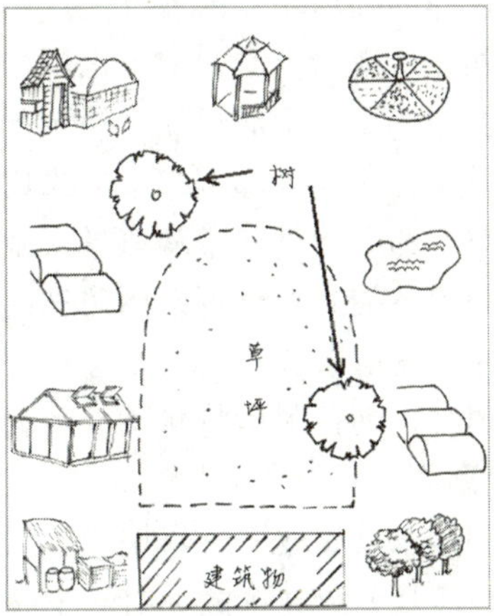

4,8,2,3,5,6,7,1,9

图 4.6　四个随机组合（随机序列数标在对应的图下）

1. 生态位的利用

牛态位是指动植物在生态系统中的营养位置和功能地位。假定在场地分析时已经做了微环境分区，那么这个分区图可以作为生态位利用最主要的依据。菜园要选在相对平坦（否则会有较多的土工要做），阳光几乎没有被遮挡，且相对避风的地方；水塘可以选在坡地上或凹处相对平整的地方，或者在住家朝阳的一侧，这样能在冬天为房屋提供反射的阳光；如果已经有了或准备兴建平行河道，就可以利用河道之间的平地来养鸡，这样只需在两端设篱笆就能将鸡圈养在里面，还能防狐狸、黄鼠狼等。位置比较中心、通道方便且视野较为隐蔽的地方适合作为物资集散地及堆肥区。在温带的田园中，较暖较潮湿的沟壑和水道通过的地方，是种植气候边缘植物和亚热带雨林可食植物（如香蕉、木瓜或鳄梨）的首选地；在有稀疏树林的暖坡，可以选择种植耐半阴品种的苹果、樱桃或梨树；在四周有阻挡寒风的砖石高墙，且光照时间较长的角落可以考虑种植橘子树或者建暖房。

有些功能区最好相邻，如菜园和鸡舍，鸭棚和池塘或水稻田，菜园和堆肥区，这样它们包含的元素能就近相互利用。让菜园和鸡舍相邻，去时可顺手摘些菜叶喂鸡，回来时铲一些鸡粪还田，收获后让鸡刨地挖野草、施肥。将鸭棚建在池塘边，如果鸭棚的出口深入池塘中，则无需对狐狸等做额外的防御；在水稻田的灌水季节，将鸭群赶入，鸭子在水田里觅食的同时，也在帮忙除草、治虫、施肥，它们扑腾翅膀时还能降低水中的甲烷含量。让菜园和堆肥区比邻，这样废弃的蔬菜可以顺手扔进堆肥堆，而堆肥一旦腐熟，又可以就近使用。

如果这样的互惠功能区没办法或不方便安置在一起，可以设置一个通道将它们相连。如在水道的上游建一个水潭和鸭棚，水道的下游和果树林中的渗流洼沟相连，这样当鸭子在水潭活动并撒下肥料后，水道起到输送养分的作用，将鸭粪带到果树林中；在鸡舍和围起来的果树林之间设置一个临时的隧道，在收获的季节，打开鸡舍的门让鸡通过隧道进入果树林来打扫落果并消灭其中的害虫，同时撒下一些肥料。临时隧道可以用防鸟网和弯曲成半圆形的柳条或塑料管制成，每隔1.5米左右将柳条或塑料管横穿在网眼里，网的一头连接鸡舍，另一头通向有围栏的果树林，网拉紧后将柳条或塑料管的两端插入地下，形成隧道。

2. 距离圈

距离圈是永续农业中常采用的方法。其要点是以住房为中心，不同的距离为半径，将田园划分成5个圈，每一个圈就是一个分区，最里面的是第一区，最外面的是第五区。将功能区放置在哪个距离圈的主要考量是人造访这些功能区的频繁程度。人们去不同功能区的目的不仅仅是维护、收获，还需要去观察。所以相比不常去的功能区（如家畜棚、草料场），应将人们常去的功能区（如菜园、鸡舍）安置在更近的地方，这样不仅能节省路上的时间，还能更方便照料。

永续农业中这个根据距离划分功能区的思路也完全符合自然田园法的要义。例如，在一个面积较大的自然田园中，距离圈可以按如下方法划分：

● 在第一区内，即住房周围，通常有常规菜园、暖房、工作棚、宠物养殖区、常采摘的果树如柠檬或香草等。

● 在第二区内，有果树林、家禽、荒野床式菜园、池塘等。

● 在第三区内，有放任生长的果树林、防风林、家畜、家畜草料植物、半放养的禽类。

● 在第四区内，有半管理、半野生的林木及野生生物，产品主要是木材。

● 在第五区即最外一圈内，是几乎不去管理的野生自然系统，它让自然田园和周边环境真正衔接在一起。

在不同的区内，植物和动物的选择不同，它们所能得到的照料、维护的程度和供水保证由内向外递减。

在自然状态下实施田园建造时，总是从最近的第一区开始，待它完全或者基本上得到控制后（特别是对野草的控制），再将工作扩展到第二区，以此类推。如果对土壤及土壤上下以植被为主的生态系统的扰动得不到有效的控制，那么情况会越来越糟。所以，在有充分的信心和能力应付新开辟的工作区前，不要去扰动它们。[①]

永续农业（Permaculture）

又译作“扑门永续设计”，是由澳大利亚人比尔莫里森（Bill Mollison）和大卫洪格兰（David Holmgren）提出的一整套自然生态体系的设计系统，包括农业、建筑、社区建设等。它的特点是以自然为师，并适当应用现代科技成果，以生态系统的修复为先，并包含限制消费及公平分享的道德标准。

功能区的划分仅仅是一个指导思想，特别是以类似同心圆的几何圆圈来分区的做法，几乎没有一个设计会照搬照抄，并且这个分区和微环境分区也不会完全吻合。事实上，不是每一个自然田园都需要包含五个距离圈。不过这个指导思想的确非常重要，有时需要考虑是否可以创造其他条件来满足这个设计思想。假如现有的植被状况、土壤质量状况、不太显著的地形地貌，或微气候环境等因素对按照距离圈来安置功能区不太有利，那么需要认真思考一下这些因素是否有改变的可能，譬如树木是否可以移植或重新栽种，土壤是否会随着造土和种植养地的植物（如固氮植物或绿色植物）得以改善，改造某些地形地貌（如池塘、土坎）所需的花费是否可以接受，微气候是否会随着田园的演化而改善，进而满足距离圈设计思想的要求。对于面积较小的花坛和菜园而言，除了永久建筑物的遮光因素外，现有植被、土壤质量及微气候环境相对于其距离住家的位置来说都是次要的，通过移植或重栽植物，改善土壤、种植介质及微气候，所有问题都可以得到解决。如果将功能区放置在不合适的距离圈中，造成的负面影响或许是长期的，且时时刻刻都会体现。永续农业中分区方法见图 4.7。在各个区中植物得到的照料是不一样的（图 4.8）。

① 具体的功能区划分方法在永续农业中有详细的介绍，可以参阅《永续农业概论》译本，江苏大学出版社，2014 年出版。

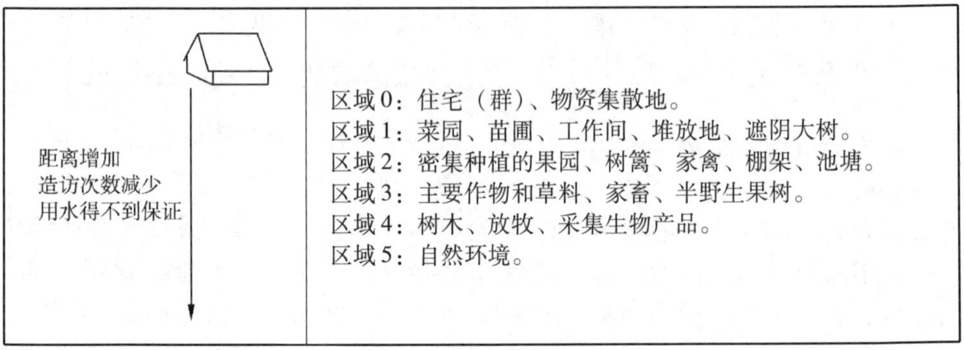

图4.7　永续农业中的分区

图4.8　有球状造型灌木的草地（凡·高作品）

注：在第三、第四区，田园基本无须管理。只对树木、灌木做一些整枝，以使它们保持健康或合适的形状。

当然有些因素是很难或者不太可能改变的，或者即使可以改变，也因代价太大无法接受。如风向、坡向等大的地貌特征、主要建筑物、大面积土壤特性，以及野生动物的出没等，对于这些只能通过其他办法加以弥补。

3. 菜园的布局

自然田园的蔬菜区域还可以在更小的范围内进行划分。如对于一片规划用作菜园的区域，还可以按功能（包括产品特征）和距离综合考量进行更为细致的规划。例如，可以将蔬菜（包括香草）分为以下几类：

● 西方烹饪佐料香草，如荷兰芹（parsley）、鼠尾草（sage）、迷迭香（rosemary），百里香（thyme）、薄荷、香菜、细香葱（chive）等。它们生长相对缓慢，无需太多照料，有较强的装饰性，可以种在具有不同微环境的螺旋床上，且随时可以采摘。

● 割茬绿叶香草，如韭菜、葱和芥菜。它们生长迅速，可频繁用剪刀成片割茬，可种植在很窄的长条形园床上。

● 多年生的蔬菜，如芦笋、大黄、洋姜等。芦笋和大黄等最好单独占据一个园床，且最好每几年换一个地方。区域中如果有挡风的需要，可以考虑将洋姜作为树篱种植，用来挡风挡草。

● 道旁的十字花科绿叶菜，如抱子甘蓝（brussels sprout）、绿菜花、菜花、亚洲绿叶菜、菠菜、芹菜等。它们被不断地摘叶，拔掉，定植，再种，所以最好种植在方便出入的地方。

● 适合窄床的植物，如茄科、豆科的蔬菜，葫芦科的如黄瓜及云南小瓜（同西葫芦，不过在很小时即被收获）等。这些蔬菜收获时间长，可反复采摘；它们大多需要人工覆盖，需要支架或棚架支撑。胡萝卜和白萝卜也可以种植在窄床上。

● 适合宽床的植物，如玉米、南瓜、洋葱、土豆、甜菜、大头菜等，这类植物可以密集种植。它们虽然生长时间长，但所需管理较少，能用自己的叶子进行自我覆盖，成批收获。

这样，菜园就可以按照植物类型进行布局。假定菜园就在住房的周围，即永续农业的第一区（或许还有一部分在第二区），也要依照造访频率由高到低的原则来安排。图 4.9 是一个后院菜园的布局示意图。

图 4.9　后院菜园布局示意图

（二）景观的塑造

这里的景观塑造主要包括地形、地貌的塑造及走道等内部设施的修建。

自然田园法的主要原则之一是多样性种植。多样性种植能提高环境的稳定性，增加产出的品种。地形地貌多样性通过提供多种多样的微气候环境和土壤环境，为种植对温度、光照、风速和湿度等有不同需求的植物提供适合的条件。地形地貌多样性同时还创造出更长的边缘（边界）条件，而边缘，特别是水陆边缘，可以为植物的生长提供额外的有利条件和动力。

在田园设计时，应该最大限度地利用现有的景观，这也许需要政府部门的批准。景观塑造的安全性和可靠性要在设计时做出评估，如重新修的挡土墙是否符合标准，开挖一个水塘其土壤的保水性能否保证，砍去一棵大树会不会影响住宅的地基等，这些都需要考虑。所以，除非有特殊情况，一般地形地貌塑造都在小范围内小规模进行，主要在同一个微环境区内进行，其目的是微调现有的地形特征并优化微环境，增加地形地段的多样性并延长边缘长度。这方面主要涉及的工作是土工。

> **边缘**
>
> 边缘是两个不同介质、不同地形或者不同生态类型区域之间相互接触的界面及其附近的区域。如大气和水体，水体和陆地，河流和湖泊，森林和草原，菜床和走道，或者城镇和乡村等的接触面都形成边缘。在边缘，由于生物能同时利用边缘两侧区域中的不同资源，生态环境有利，生物发育要优于任何一侧的区域内部。因此，在自然田园设计中，要尽量延长边缘的长度。如池塘的边界不是光滑的圆形或椭圆形，而是不规则形或锯齿状的；园床不呈长方形，而呈匙孔状等。

1．池塘

池塘是自然形成或人工建造在相对较低处平地上的小型水体。池塘里的水是相对静止的，水溢出时有固定的出口。池塘是非常有效的储水手段，对于透水性差（如以黏土为特征）的土壤，只需在地上挖一个坑就行，坑里让野草迅速繁殖以快速增加土壤中的有机物，进一步增强土壤的保水性能。如果池塘底部连接地下水位，那么地下水就会补充到池塘中，否则需经多次降雨才能聚集一定量的水。如果地下水位较低，而且土壤以砂质为主，就要设法在池塘的底部增设一个不透水层。如可以在池塘底部铺设异地运输来的黏土（花费较大），或铺一块厚塑料布（适合小型池塘）。更自然的方法是将动物（特别是猪）的粪便摊开覆盖在地面，在达到一定厚度后，用布盖住，让它们发酵成不透水层。这也许需要较长的时间，而且在这一过程中会发出臭味。

池塘的作用不仅局限在储水方面，还可以用来养殖动物和种植水生植物，为田园提供各种产品，对野生动物的栖息和调节周围的微环境也有很大的作用。面积大一点的池塘还有很强的观赏和休闲价值，可以开展有关的商业项目（图4.10）。池塘的底部最好有深有浅，以适合不同的鱼类和植物。池塘的边缘宜曲折蜿蜒，以增加水陆边缘的长度。如果中间有露出水面的小“岛”，则对野生动物如青蛙的栖息有很大的帮助。对于池塘，特别是小池塘，要不要养鱼，有时是一个两难的问题，虽然鱼会吃掉蚊子的卵，但也会吃掉青蛙的卵，所以这要根据具体情况进行具体分析。

图4.10　以凡·高住处为背景的公园（凡·高作品）

注：一般公园内，池塘有比较规则的几何形状，但是在自然田园中，有时故意采用不规则的形状，以增加水陆边缘的长度。

一般池塘是向二维延伸的，也就是有一定的长度和宽度。如果有条件，可以考虑用一系列并行的有一定长度的“河道”来代替一个池塘（图4.11）。这种结构在有的国家如墨西哥被广泛采用。它的好处是：每个河道是独立的，因此每个储水体的体积相对小，所以换水、捞鱼和清理等相对容易；每一个河道都较窄，易于跨越河道搭棚，种植爬藤植物，上面的瓜果掉下来落入河中能喂鱼；河道之间的陆地可以养鸡或羊，这时河道就成了天然的围栏，还可以挡住狐狸一类的动物；陆地和水体的边界很长，这界上陆生和水生植物的生长能力都很强。这有点类似于中国传统农业中的桑基鱼塘、菜基鱼塘等模式。

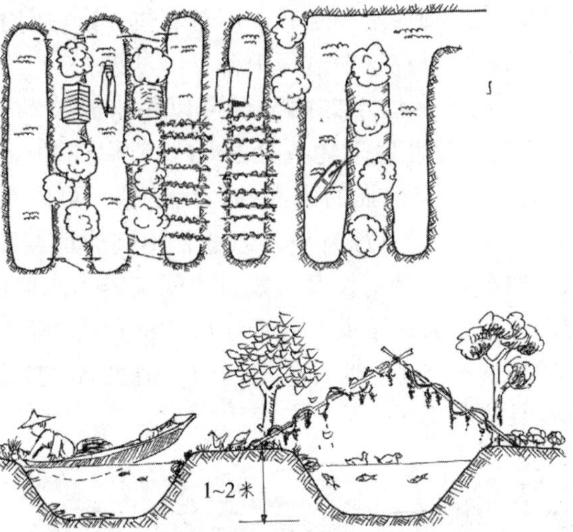

图 4.11　平行河道

在丘陵地区确定池塘的位置时，更要仔细考虑什么位置最适合。要选择地形相对较平（以便于修建）、有效储水体积较大且水汇集量大的地方修建池塘，如有径流通过，还可以考虑让渗流洼沟的水注入池塘（在具体设计时，要让洼沟中的水超过一定高度才排入池塘中）。同时，也要考虑水溢出时不会对其他部分造成大的影响，最好有固定的排水路径。池塘能方便地为植物和家禽家畜提供水源，如果仅利用高差就可以实现灌溉，那就更为理想了。

2. 水坝

水坝是指储水体的条边（坝体），是人工加高后形成的，因此水坝常修筑在斜坡上。通常水坝的位置比田园高，为田园提供无动力的水供应。因为坝体后面的一侧地势相对较低，当水漫过堤坝时，可以从加固的缺口处泄出。这一点非常重要，因为人造的坝体一般比较脆弱，易被水冲垮。对于建设小型廉价的水坝，人们已经积累了大量的知识，其中有部分是当地的知识、技术和标准（因为用到当地的泥石土），因此在设计之前，要进行调查和咨询。例如，用泥土筑坝要求用高质量的泥土，而且坝体要造得比较宽、坡度比较缓，因此可以在坝体和坡面上进行适当种植，这比较适合场地较大的田园。反之，在较小的田园，或用较陡的沟壑作坝，可以大量采用砾石。

在山坡上可以设计一系列水坝，用泄洪渠连在一起，当高处水坝中的水泄出时，可以流到低一级的水坝，这样泄洪渠能同时拦截山坡上流下来的水。所以，系列水坝和泄洪渠的组合能非常有效地收集山坡上的雨水。

在山坡上修筑水坝，对山坡的坡度和其他条件会有一定的要求。超过一定坡度，修筑成本将会大大增加。

3. 渗流洼沟

渗流洼沟是一种近乎沿水平（即等高线）方向延伸的沟。它们的主要作用不是排水，而是让流经这里的水短暂停留，并慢慢向下渗透，使周围的土壤得到滋润，从而使沟边种植的植物得到充足的水分供给。

可以在一个坡面的不同高度构筑一系列渗流洼沟。如果上一条洼沟能够截留所有从上方流下来的水，那么下一条洼沟只能截留落在这两条洼沟之间的片流。由此，可以根据当地降雨量的统计资料估算最佳的洼沟间距离，降雨量越大，间距离越短，设计时可以作为参考。洼沟越长，起到的作用就越强，因为它们可以跨越不同的功能区。

渗流洼沟的坡面形状和土质有关。黏土型土壤可以将洼沟做得窄而深，而砂土型洼沟需要做得宽而浅，这与土质的稳定性有关。洼沟的低坡一侧可以适当加到与另一边等高，以增大洼沟的截面积。洼沟的底部常铺上一些粗糙但渗透性好的材料，如石子，以增强水的渗流能力，偶尔也可作为步道。渗流洼沟可以独立存在，或者与缓缓倾斜的径流沟渠相连，从而得到额外的水分补给。

渗流洼沟堤岸的两侧很快就会长满低矮的植物，这里也是种树的好地方，所以通常在坡地上的果树林中设计渗流洼沟。沿渗流洼沟种植的乔木、灌木，也就相当于沿等高线种植的，这与传统的植物呈直线种植浑然不同。

4. 排水系统

任何地方都要仔细考虑排水，田园也不例外。降雨多的地区，尤其要为菜园设计良好的排水系统。排出的水首先要考虑是否可以被储存在下一个储水地（水坝、池塘或其他设施），然后再考虑水的无害通过。特别要注意挡土墙后面的底土中，水是否可以顺利排出（如果挡土墙是不透水的水泥墙，需要在土壤深部每隔一段埋一根有渗水作用的管子，管子一端直接通出挡土墙），还要考虑水坝的溢水口是否安全。

采用抬升的园床是解决排水问题的一种简便又实用的方法。

5. 打井

在水资源贫乏的地区，也许需要打井为人、畜或植物供水。根据当地的生活经验，一般知道什么地方容易打出井水，井要打得多深等。如果可以，尽量把井打在家禽和牲口棚附近或菜园附近。对于井水的质量（自然盐分和污染物的含量）需要保持关注。

6．其他储水方法

除了池塘、水坝、洼沟，还需要考虑其他的储水方法。房屋和其他建筑物屋顶的水比较容易收集，常用的储存装置有水箱、水桶、水池（图 4.12）等。老式的水箱大都是波纹镀锌铁皮做的，现在越来越多地采用硬塑料。如果水箱太大不方便运送，可以考虑用砖和水泥就地建造储水池。在田园里，可以建造一些硬顶的棚，下面既可以避阳休息，也可作为物资集散地，而棚顶的雨水可以收集起来就近使用。

图 4.12　圣保罗医院花园中的喷泉（凡・高作品）

注：在炎热的季节，喷泉给人以凉爽之感。如果又能用于储水，便一举两得。

在一条缓缓倾斜的沟壑低处一端用一块结实的塑料布挡住，塑料布的周边用重物如铁链等压住，就形成了一个临时水坝。需要放水时，将塑料布掀起即可。

7．大规模土壤物理改良（松土）

虽然土壤物理改良（松土）对地形地貌没有太大改变，但是涉及的范围广，工作量也较大，用时长，所以设计时需要单独列出来。

土壤被压实后，土壤的团粒结构就会被破坏，孔隙度将下降，连通性会减弱，空气和水很难渗透进去，从而使土壤生物的活动能力减弱，孔隙度进一步下降，如此恶性循环。对于这种土壤，改良的第一步，也是最重要的一步，就是松土。松土可以将土翻过来，像传统农业中用牛或拖拉机耕翻土地；也可以不翻土，而是将土壤深深地“梳”上几遍（这里主要介绍后面一种）。

不翻土主要是为了避免破坏土壤中好不容易建立起来的生物环境。因此，这个方法适用于荒废多年的野草地。

与传统的用拖拉机或旋耕犁翻土耕地类似，不翻土的方法是用拖拉机拉着一排深松犁（如凿子犁）沿水平线（等高线）行走，深松犁很窄，它从土壤深处划过时，不会将土翻上来，而是深深地划上一道道痕。当整片土地被犁过一遍以后，水慢慢从犁过的缝隙渗入，野草开始生长，土壤生物随之活跃起来。第二年重复上一年的路线，只是增加深度。但是一般路线不会完全重合，所以还是会有新的犁痕出现，而且更深。第三年再重复犁一遍，继续增加深度。这样经过三年，土壤物理结构基本得到改良，通气渗水性能改善，生物数量会大大增加，活跃度增强。这时，种植活动就可以开始了。

8. 土堆

挖掘池塘或切割坡面后，会产生大量的土，这些土可以用来堆积成不同大小、不同形状的土堆，如土堤、土墩等。土堆可以和植被及水流一起设计，从而营造有利的小气候环境。土堆有较大的热容量，在缓冲温度变化方面能起到有效的作用。例如，在住房外围的四面，修建一个弧形土堤，上面种上防风树林，再在土堤的外围挖一条洼沟，则能起到较好的防风、防太阳西晒、防洪水的作用，在住房和土堤之间创造宜人的户外环境。

特别是在果树林，将土堆成各种起伏的地形，可丰富种植环境。例如，朝阳的坡面有更暖的土壤和更多的阳光照射，而背阳的坡面则反之；在土堆的顶上，有较为干燥的土壤，而土堆下部土壤则较为湿润。

如果田园里有较大较粗的树枝被砍伐下来，可以就地做成 Hugelkultur 土堆：在坡地将树枝呈水平方向放置，若需要，可在平地创建更多的朝阳背阳的坡地效果，然后将土直接堆在树枝上，构成缓坡土堤。树枝随着时间的延长分解腐烂，在这一过程中释放出的热量可被植物利用。

9. 梯田

梯田是在丘陵山坡地沿等高线方向修筑的条状台阶式或波浪式断面的田地。坡地的主要问题是土壤和水分的保持。如果坡度比较大或者种植水分需求大的植物如蔬菜，则必须考虑做梯田。梯田的边缘需要有挡土墙，常用砖石修建，也可以用比较便宜又容易利用的木头或铁皮等。对于较陡的坡，每一阶梯田就是一个园床，否则每一阶梯田可以有多个园床。梯田园床也要遵循不踩踏的原则，也就是园床的宽度原则上不大于 120 厘米。如果梯田很陡，园床又很窄（如小于 60 厘米），可以每两个园床共享一条走道。一般将走道设置在上一阶的挡土墙下边，这样一条走道可以同时照料高处和低处两个园床。

10. 道路

如果田园中的走道布局合理且足够密集，就基本上不需要踩踏种植区域的土壤。这对于自然田园非常重要，因为土壤踩踏会使泥土压实，野草丛生，从而对土壤结构和土壤生物造成不良影响。

田园中的通道根据通行的运载工具和使用频繁程度进行分级，如汽车道、手推车道和人行道。除了道路的宽度和平整程度与级别有关外，路面的质量和耐久程度也要有所区别。修建在地形低洼处的道路常易因泥泞而不好使用，注意尽量避免。手推车或需双人并行的步道需120～150厘米宽，频繁使用的步道大约90厘米宽，而田间或林间小道仅需40～60厘米宽。

一般只有规模较大的田园才会修建园内汽车道。汽车道应从大门通到住房和物资集散地，或直接通达种植区。在坡面修建车道，需将高坡的水通过地下管道或路面渠道排到低坡处，以减少路面的雨水冲刷（图4.13）。通行频繁的手推车道路面中夹最好有一条（给独轮车使用）或两条（给双轮车使用）硬面铺就的窄道，每一条窄道只需一块砖长的宽度，将砖侧面朝上能增强稳定性。裸露或铺着覆盖物的泥地都不宜让手推车通过。

图4.13　小道和过整枝的树木（凡·高作品）

注：这条小道两边都有沟，用于排水。

人行步道设置比较灵活（图4.14），在陡处可以增加台阶。如果田园里建有渗流洼沟，那么在没有积水时可以将它作为走道；由于渗流洼沟沿等高线延伸，在上面行走，人也会感到轻松。水的径流沟渠也可以用作步道。将沟渠用作步道，需要在里面铺上略厚一些的物质，如碎石子，以便在尚有些积水的时候走起来不会太湿太滑。

图 4.14　松林里的小道（凡·高作品）

11. 集散场

集散场的作用是临时或长久存积大宗物资。大宗物资有运输进来的覆盖物、栽培基质、盆栽容器等生产资料，以及需要运输出去的蔬菜、瓜果、禽蛋等农副产品。集散场宜建在靠近大门的汽车通道旁，或者手推车道旁。为了避免土壤中的病原体通过直接接触及雨水溅射进行传播，集散场尽可能铺水泥地，并加顶棚，既可以防雨水冲刷物资，又可以收集雨水。尽量不要将集散场建在地势低洼容易积水的地方。

12. 边界（边缘）

田园周边及内部可以设计形形色色的边界。边界大多数是自然形成的不同地貌单元的连接之处，如池塘的边缘，或树林和草地的交接处。边界上植物生长特别旺盛，所以要尽可能地延伸边界的长度，如将池塘的边修得曲折蜿蜒，而不是呈直线型（自然界也很少有直线型的边界）。

人为修建边界的目的还包括阻止人或动物越过、防风、防火、防洪、防野草入侵、立体种植、遮挡视野等，或者仅仅是为了拦截风吹过或水流过所带来的落叶或其他植物的碎屑。在自然田园中，这些人为修建的边界要尽可能多地采用植物种植的方法（图 4.15）。长刺的黑梅可以协助篱笆防止人或大型动物的出入，根系强壮的植物能有效阻挡野草的蔓延。在面积比较大的田园里，边界可以修建得很宽，如成带状种植的综合林地，能非常有效地起到防风的作用，如果选择不易燃烧的植物，它们还可以起到防火的作用。这种带状林地本身也可以有复杂的结构，它的内部也具有多样性，也是一个独特的自然生态系统，可以有较高的生产力。

13. 暖房

暖房即温室，包括用玻璃、塑料薄膜等覆盖材料搭建的各种类型的温室和大棚，其作用是营造有利于作物生长的可控的小气候环境，主要是调节和控制温度、湿度、风速等因子，也可以调控光照。通常暖房的作用是为了提高温度，特别是夜间温度，主要用来育苗。暖房的选址很重要，如果材料不太保温，需要将暖房建在温暖、背风、朝阳的地方，比较理想的是在背阳的一侧有砖墙或石墙，夜间它们会将吸收的热量通过辐射传递到暖房中。在暖房的阳面放置尽可能大的水桶也有助于储存热量。

图 4.15　精神病院墙边的松树（凡·高作品）

在自然田园中，暖房很重要，特别是在冬季较冷的北亚热带以上纬度地带。通过在暖房中育苗，盆中初长，然后再移苗下种，可大大延长暖季蔬菜的种植时间。一般在暖房中，病虫害也较易控制。

图 4.16　有垂枝树的新割过的草坪（凡·高作品）

注：割下来的草留在草坪上，可为草护根，但也会滋长病虫害。

14. 草坪

不可否认，现在草坪随处可见，占据面积相当大，特别是在西方社会，家庭庭园大多以草坪为主或者全是草坪。许多自然田园推广者都在呼吁减少草坪，多种其他植物，特别是可食植物。草坪（图 4.16）在生态系统中所发挥的作用远不如其他植物，而且植物多样性也很局限。当然，草也是自然系统的一部分，草不仅为禽畜提供食物，而且为覆盖和堆肥提供大量原材料。草易于种植管理成草坪，应该是大自然送给人类最美好的礼物。将自然草地变成人工草坪后需要大量额外的投入和管理，如定期浇水（特别是在夏天）、割草、打边、除野草、防病防虫、施肥及松土等。

在自然田园中，通常只有人类确有需要，如社交、家庭休闲或儿童玩耍需要草坪时，才考虑保留面积合适的草坪。

为了不让草坪上的草向周边蔓延，需要在草坪的边界设置障碍物，如采用植物阻挡带，或者用围栏围起来，让动物在围栏外啃食。

15．特殊区域

易风化区域大多是坡度较大的地方，如岩石崩塌区、泥土冲刷区等，若不易通过修改地形而改变，就尽量不要去扰动，也不要轻易砍树拔草。在这种特殊区域，种植可不以实用性为主要目的。而在积水区域，如果因为诸如土壤透水性不佳或安全性等问题不宜修建池塘，可以考虑就地修建一座“雨水”花坛，种植耐涝的花卉植物、柳树或木麻黄等。

将上述的信息进行综合分析，经反复思考和比较，再进行实地观察，设想设计完成后的场景。如果是为客户设计，与他们进行反复沟通后，就可以完成设计并成图。

（三）植物的选择

1．一般性考虑

植物分类方法多种多样，有基于生物学的（如十字花科芸薹属、茄科番茄属），有基于植物生长环境的（如热带植物、温带植物等），有基于植物形态的（如乔木、灌木、草本等），有基于实用性角度的（如果树、蔬菜、野草等）。此外，根据生命周期，草本植物还可划分为一年生、越年生和多年生。在自然田园中，我们常按照习惯，将各种分类方法结合在一起，灵活运用。如在一年生蔬菜中，有时按照生长季节将它们划分成冷季蔬菜（如白萝卜、荷兰豆）和暖季蔬菜（如西红柿、黄瓜）。

毋庸置疑，每个种植区域的植物选择首先要考虑种植区的性质，如是菜园、香草园还是果园。自然田园强调植物的多样性种植，但是就目的性和实用价值而言，还是应该有主要和次要之分，主要植物往往是目标植物。当然，次要植物的真正价值并不一定小于主要植物，而只是受到的关注程度不同。例如，果园中的果树是主要植物，而树底下的草本是次要植物；菜园中的蔬菜是主要植物，而起护理和固氮作用的草本植物是次要植物（但在轮种序列的绿肥阶段，它们就成了主要植物）。主要植物在设计田园时需要优先考虑。

十种常见的可食野草（野菜）

蒲公英 田园常见野草，含多种维生素、钙和铁等。花、叶和根均可食，根晒干后可以作为咖啡的代用品。

繁缕（chickweed） 菜园中常见的野草，常出现在冬季，富含多种维生素、Omega-6 脂肪酸。茎、叶子及种子供药用，嫩苗可食。

苋菜（edible amaranth） 分布极为广泛，生长十分迅速。食用以嫩叶为佳，营养丰富，有补气、清热、明目等作用，享有补血菜的美誉。

酢浆草 形状同三叶草类似，只是单片叶子为心形，叶上没有圈形花纹。味酸，故常用作调料，可全草入药。因含草酸，不宜大量食用。

蕨菜（fiddlehead） 也叫皋头菜或如意菜，多年生蕨类植物；枝端刚长出时，卷曲如同小提琴的琴头，后长直，需要在长直之前收获。蕨菜叶芽、嫩茎营养丰富，且富含抗氧化剂和铁，味鲜美清香，是上等佳肴；根茎可供药用。

荨麻 菜园中常见的野草，叶子有细细的刺，需要用热水泡煮一下。它含有多种营养成分，包括钙、铁和维生素 B，可以制作各式菜肴，也可以泡茶。

棱葱 叶的断面为菱形，是草坪中的常见野草，较难控制。味道和食用方法近似韭菜，有助于循环和消化。

马齿苋 生长范围非常广泛，叶青、梗赤、花黄、根白、子黑，故又称五行草。马齿苋具有高的 Omega-3 含量；也含草酸，故也不宜大量食用。

酸模 野生的酸模分布广，生长能力强，甚至会抑制其他植物。全草可供药用，有凉血、解毒之效；嫩茎、叶可作蔬菜及饲料。

野荠菜 又称地菜，花为小三角形，故西方戏称“牧羊人的钱包”。味同种植的荠菜，可冷拌，也是包饺子的佳选。

田园植物的选择，除了要适合气候类型，考虑个人喜好外，下面两个因素也非常重要：一是从自然角度出发，考虑它们对环境的有益贡献；二是扩大可利用，尤其是多年生的可食用植物的种植。从更广泛的意义上来说，利用可食用的多年生植物是走向可持续发展的重要步骤之一，因为多年生植物生命周期长，更适应自然，对于养分的年度需求远少于一年生植物。因此，对于一代代传下来的可食用植物，特别是蔬菜和香草的食用方法，和烹饪方法一样，也需要不同文化之间相互交流，并不断挖掘，以便更好地利用现有的植物资源。

在相同的气候区域下，地形、植被和建筑物对局部气候都有一定的调节作用。一方面，在做场地规划时需要进行微环境的分析和分区，以便选择适合的植物。另一方面，随着植物的生长，周围的微气候、微环境也会不断改变，如果能使它们朝着有利的方向发展，则可以考虑在最乐观的情况下，一段时间以后可以种植目前还达不到种植条件的目标植物。建造暖房是调节微气候最有效的措施，所以需要将暖房的规划和植物的选择联系起来考虑，特别是要考虑田园植物对育苗面积和育苗方式的要求。

植物对环境的适应性其实比人们想象或归类的要宽。我们说某种植物，特别是果树蔬菜等适合某一种或几种特定的气候环境，意思是说在这些环境下生长起来的植物，尤其是植物对人们有用的那部分（如果树上的水果或蔬菜的可食部分）生长得好。如我们常说苹果树是温带植物，但其实苹果树在其他的气候带（如亚热带）也能较好地生长，只是要么不结果，要么结出的果实没那么多那么好，或者病虫害的问题很大。从这种实用的角度出发，在自然田园中，可以说香草的适应能力最强，多年生蔬菜次之，然后是一年生蔬菜，最后是果树。对大多数蔬菜（特别是暖季蔬菜）而言，气候主要决定它们生长季节的长短，也就是收成的多寡问题，而对于果树，气候常常决定其是否有收获。

在自然田园中，本地或乡土植物有很大的优先选择权。它们经过漫长时间的演化，适应了当地的气候环境和生态环境。从生态角度出发，采用本地或乡土的植物对于自然田园来说最可靠，其次是已经在本地归化（驯化）了的外来植物。此外，能将外来品种（或种类）嫁接到本地品种（或种类）上，特别是将外来的一年生可食植物嫁接在本地的多年生植物上，也是值得尝试的。

人工培育品种的不断出现，使得植物的选择性大大提高。越常见的种类，往往人工培育的品种就越多，特别是蔬菜和花卉。另外，植物的自我繁殖能力在自然田园中也较为重要。

当然，田园也是演化的，所以对于哪些是过渡型植物，哪些是目标植物也要做到心中有数。

2. 自然田园的植物设计

再次强调，不管出于什么种植目的，拟选择什么植物，如果当地或乡土品种能够起到类似作用，就应该优先选择乡土品种。

自然田园中的主要植物除了有直接的收获价值（如食用或作木材用）外，还应有其他多种作用，如改善微气候、景观塑造及护理作用。

在田园的设计阶段，植物类型选择和种植方案设计的详细程度会因多种因素或设计者的风格而异（图4.17）。通常优先考虑的是乔木和灌木，因为它们成长所需的时间比较长，寿命也长，并且对环境的影响大，所以要精心选择。设计时需要将植物的品种和具体的种植地点详细地标示在设计图上，同时标上树木成长后树冠的轮廓，以便预估将来树木之间的相互遮挡（如果是落叶树，也需要注明）。如果这些树木是植物依赖群的中心植物，那么它的周边植物也可以在这时同步设计。

重要的防风、防火植物及景观植物的类型及其种植区域也需要在这时考虑。它们常常和其他的景观塑造连在一起。譬如，要在斜坡上种植什么植物来稳定土壤，要让什么藤本植物爬上搭建的凉棚，在一般的墙或挡土墙边可以种植什么树。

至于蔬菜，由于一年生的蔬菜大多数是轮种，所以无需详细考虑，但是如果是多年生的蔬菜或香草，则需要将它们集中种植在固定的地方。

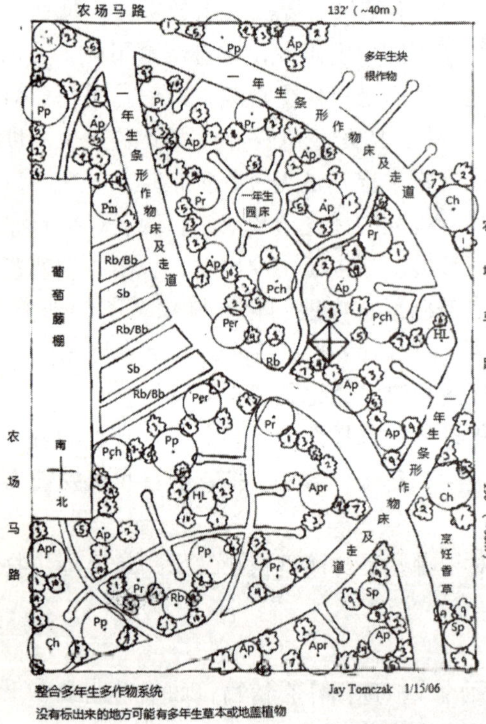

图例及植物代码：

植物名	代码
Pawpaw 木瓜	Pp
Chestnut 栗子	Ch
Apple 苹果	Ap
Pear 欧洲梨	Pr
Asian pear 亚洲梨	Apr
Plum 李	Pm
Peach/Nectarine 桃/油桃	Pch
Persimmon 柿子	Per
Honey Locust 刺槐	HL
Redbud 紫荆	Rb
Dwarf Spruce 矮种杉树	Sp
Beach plumb	1
Hazels 榛子	2
Siberian pea 西伯利亚豌豆	3
Currents 醋栗	4
Gooseberry 鹅莓	5
Raspberry/Blackberry红莓,黑莓)	Rb/Bb
Bush Cherry 澳洲蒲桃	7
Serviceberry 唐(木隶)	8
Blueberry 蓝莓	9
Cranberry 蔓越莓	10
Strawberries 草莓	Sb

图4.17 种植方案

注：材料来自Tomczak，MSU SOF Edible Forest Garden，2007。

第五章 自然田园的营造及实例分析

一、自然田园营造的主要环节

自然田园的营造是一个漫长的过程，甚至可以说是一个没有终点的过程。植物生长相对缓慢是主要原因，但有时人们会故意让这个过程历时更长一些，目的有二：一是使自然田园在营造和成长的过程中，始终和周边的生态环境保持较小的差别，这样对环境的冲击相对较小；二是使生活在自然田园中的人或者其他使用者的生活态度和生活方式慢慢适应新环境及其所能提供的服务。

在自然林地中，由于外来入侵“野草”的泛滥和竞争，树木的根系在地表和近地表外被野草覆盖，本地草本植物也被野草压制。在清理外来的“野草”时，应从没有野草的区域开始，慢慢地向外清理，以鼓励树根和本地草本重新“占领”这些区域。所以，野草清理的速度不能快于树根再生和本地草本恢复生长的速度。这一方法包含三个要素：一是必须将野草的根彻底清除；二是从没有野草的区域开始，向外推进；三是野草清理的速度要和树根及本地草本的再生长速度相匹配。

Bradley 林地再造方法三原则

1. 最先保障状态最好的区域。它们最容易治理并且能收到最好的效果。然后以它们作为核心，将治理向周边扩展。

2. 对自然条件的干扰最小，如土壤扰动最小，对周边地区的意外伤害（如踩踏）最小。

3. 不要清理得太多太快，以林地再生的速度来决定清理的节奏。

这一方法对于自然田园的营造也完全适用：即使有了完整的田园设计方案，在实施时也要一步一步有序推进（图5.1）。

有关生活方式的逐步适应，再怎样强调都不为过。现在很多人都知道需要走自然保护、有机、可持续发展的道路，但是大家是否真的准备好了花更多的钱去吃看上去小且不光滑的蔬菜瓜果，是否能适应田园中看不到一排排整齐的庄稼，是否能接受土壤中不时散发出农家肥的气味、授粉的蜂蝶到处飞舞，还有田园工作方式由机械到人工的转变，这些尚有疑问。

在具体的种植逐步展开前，有许多前期工作需要去做。

图5.1　在田野上工作的农夫　（凡·高作品）

注：与人合作也是自然田园的特征之一。

（一）景观改造

景观改造的工作任务主要包括地形修整和内部设施（如道路和建筑物）的营造。在这一过程中，规范操作非常重要。在一些国家，如澳大利亚，园丁（不包括树木护理者）一般不需要证书，但是景观工作者一般是需要有相应证书的，以保证设计和施工能达到当地的要求。在任何情况下，景观改造工作的质量、稳定性、可靠性、持久性都要得到保证，特别是挡土墙、水坝和池塘溢水口、水坝的堤等，都要修得牢固耐久。

1. 景观整形

如前所述，适当的地形起伏，能够营造更有利的小气候环境，为不同的植物创造不同的生态位，更有利于水分的利用和排放，所以要因地制宜地进行场地平整或整形。一台小型翻斗车常常是自然田园中最理想的工具，如果场地不太大，手工劳动也是可行的方法，合作常能使得效率大大提高，如两人合作取水（图5.2）。

图5.2　两人合作取水

景观整形的具体作业包括：

● 陡坡的地形修整　通常是将陡坡变成梯形，和挡土墙的营造一起进行。

● 池塘的挖掘　挖掘池塘的过程中挖出来的泥土在适当的地方堆积成土墩或土堤。

● 沟渠的挖掘　包括沿等高线延伸的渗流洼沟的挖掘和排水沟渠的挖掘。

不同的国家和地区，从事这些土工可能有不同的规章制度，开工前先要了解清楚。如在美国的一些州，不允许随便修整地形，因为这有可能会使地表径流的方向发生改变，造成其他不良影响。

2. 内部设施修建

内部设施修建往往也涉及土工，具体包括：

● 道与路　如果在坡地上修建道路，要特别注意排水，理想状态是不让上坡冲下来的水从路面流过，以免造成冲刷，可以考虑在路面下埋排水管，或者在高坡一侧的路边挖一条水沟排水。

● 挡土墙　岩石垒起来的挡土墙最美观耐用，但是造价昂贵。用混凝土制成的块体或用粗铁丝网包裹岩石块等修筑的挡土墙也很耐用。如果采用木头材料，则硬木要比松木好。

● 水坝　只适用于丘陵地形，虽然工作量较大，但很有用。

● 棚　为人或动物提供躲避恶劣天气的场所。若采用铁皮顶，还能收集雨水。

● 架　常常与园床一起搭设。

● 暖房和其他田园建筑物　除了塑料大棚外，温室和其他建筑物的建造相对比较复杂，此处不展开叙述。

● 围栏　包括界定场地边界的围栏及场地内部阻挡家畜家禽自由出入的围栏。对于围栏，美观和视野的遮挡都需要考虑。

（二）场地的准备

1. 树木清理

如果需要，按照设计方案对树木进行清理，然后种植需要的植物，但是必须了解当地对于树木砍伐的政策。

砍下来的树干可以酌情处理，或作挡土墙（耐久程度与树种有关），或堆成Hugelkultur土堆，合适的树木可以用作食用蘑菇的栽培基质、木材、柴火，或者用于填土或堆肥等。留在地面的树干需要呈水平放置，发挥挡土作用。对于即将要开发的土地，需要将残留的树根清除出去；如果土地暂时不用，树根可暂时留在那里，它们经过几年的腐烂后，更容易清除。

在做设计时就需要考虑，当现有树木被清理后，可让尽可能多的阳光进入该区域。因此，需要优先清理阳面（北半球的南边，南半球的北边）的高大树木。至于东面与西面，则要看准备利用上午的阳光还是下午的阳光，其优先性要具体分析。如果地处温带或寒带，下午的阳光能带来更多的热量，如果种植作物或果树，一般下午的太阳比上午的更加重要，因为下午气温和土壤温度均较高，有利于作物和果树的生长，因此应该优先清理西面的高大树木（图5.3）。但是在较热的气候带种植作物或果树、花卉，上午的阳光或许更好，它能将植物叶片上的露水尽早晒干，防止多种疾病，因此应优先清理东面的高大树林。

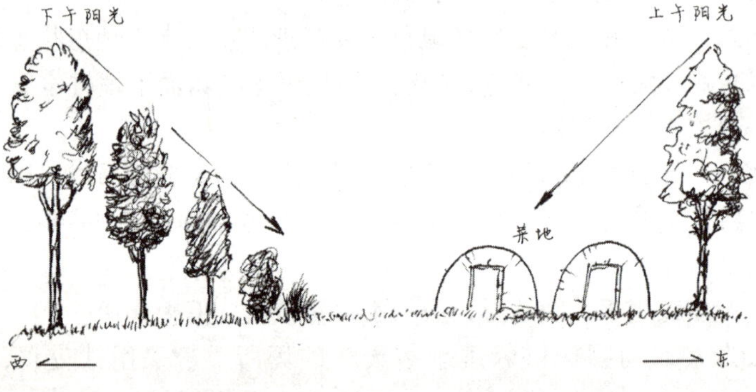

图5.3 树木清理的方向性

注：如果下午的太阳更为重要，则西面森林边界树木的高度应逐步递减，不影响阳光照射东边的土地。

2. 土壤调节

对于被压实的土壤需要进行松土，大面积的松土最好采用拖拉机牵引一排深松但不翻土的“凿子犁”来完成。在丘陵地带，深犁的路线需沿等高线延伸。

如果土壤的状态很差，也许要进行两三次深犁。对于贫瘠、植被稀少或深受化学物质影响的土壤，松土的过程常常和鼓励一年生野草生长相结合，以增加土壤中的有机物和生物量，营造适合的原生动物和微生物活动的环境。深犁后的土壤，可以先放任不管，随着雨水渗透能力的增强和植物量的增加，土壤会朝着更加“健康”的方向自然发展。

如果土壤的状态较好或者有所改良，可以结合种植其他一年生植物，如绿肥、地被植物、固氮植物、香草，甚至一年生的蔬菜，进一步增加土壤中的生物量。这些植物的一部分甚至大部分可以保留下来，作为食物林的草本层及地盖层，或者被掘入土壤作为肥料。

此外，也可直接采用压草垫的方法，利用植物来进行土壤调节。

3. 清理野草

野草的清理，特别是一年生野草的清理，通常在即将开始种植活动时进行，但是如果场地内有大量顽固性的多年生野草（如黑莓和蕨类）和灌木（如女桢属或海桐花属的植物）入侵，则可以在场地准备阶段集中进行清理。可采用的方法有挖掘、覆盖压草垫或硬纸板，必要时可局部采用除草剂。如果有大面积（特别是在沟壑中）的黑莓藤蔓需要清理，引入山羊非常有效。

在自然田园中，野草的清理可以借鉴森林再造中常用的 Bradley 方法，所不同的是后者清理好的土地用作再生或扩张森林，而在自然田园中它们成为新的种植区域。根据具体情况和进度安排，以此为原则可做出必要的调整。

野草清理往往与土壤调节后的改良同步进行。

（三）育苗

即使采用所谓的“懒人”园法，在育苗阶段，特别是对于乔木和灌木，幼苗也需要给予足够的照料。最好准备一个或多个专门用来育苗的场所，选在阳光好且防风的地方，以后也可以作为他用。育苗场所内至少要有暖房、半透明顶棚的场地或树荫房、盆架（有一定高度以减少弯腰）、工作台、储藏室（存放工具、花盆和介质）、清洁水源等。不要将花盆直接放在泥地上，以防土壤中的病菌进入花盆，可以在地上铺一层塑料布隔离。

除了一年生植物，育苗需要适当提早进行。育苗的基质按照生物活性，分为有机和无机两种，前者主要是堆肥和自然土壤，后者是商业出售的以珍珠岩、蛭石等无机物为主要原料的混合基质。虽然在自然田园中人们偏爱前一种，但它可能带有其他有活性的种子或病原体。为了尽量避免这种情况，可采用安全的无机基质，但是这种基质因为本身不含营养元素，所以需要施用一定的有机肥（包括堆肥)。

从幼苗育成移栽到田园内开始，就正式进入了自然田园的营造阶段。

二、自然田园设计和营造实例——诺丁汉森林田园

下面以一个家庭院落的森林田园为例，对自然田园的设计和营造进行详细介绍。这个项目的创作者是 Joshua Finch，所有工作由他一人手工完成，然后他以 "Notting Hill Forest Garden" 为题，将设计与营造过程分阶段发表在永续农业新闻网站(www. permaculturenews. org)上。笔者认为，这个项目的设计思路和操作方法与自然田园基本一致，且内容非常详尽，所以作为实例进行介绍。需要指出的是，这个田园基本上是从零开始的，目前尚在成长的初期，而设计也基本停留在初期阶段，所以尚看不到田园成熟时的面貌。这也正好给大家一个机会积极思考和预测。

(一) 区域背景

诺丁汉森林田园位于美国东部北卡罗来纳州的阿巴拉契山山麓，北纬 36 度，海拔约 274 米；气候带属于潮湿的亚热带，与中国的长江流域、澳大利亚的东南海岸属同一气候类型，四季分明，年平均降雨量约 1000 毫米；夏季多雨，气温常高达 38 ℃，而冬季气温时常低至零下 15 ℃。除此之外，气温变化突兀，建筑物阴影的移动都会造成冰霜的快速凝结或融化。

区域中主要的本地树种是以橡树为代表的硬木和松柏。土壤以冰川残留物经风化而成的为主，肥力很低。土著居民砍伐、烧荒的习惯，以及欧洲移民的农业活动加剧了土壤中养分的流失。

当地家庭院落的文化传统依然是以草坪为主体。因此，田园的营造还需要考虑街坊的审美。

(二) 场地分析和设计要点

1. 分析和设计要点

这是一个典型的郊区家庭，坐落在一个缓坡地形朝北的山脚下。因为背阳，所以获得的阳光不如平地。它的相对地势较高，东西均为谷地，地表水主要从场地流出而不是流入，因此土壤较为干燥。

场地总面积接近 2700 平方米，呈一个倒置的三角形，其中 1/6 被用于建房

或铺设水泥地；建筑物集中在三角形的南端，也就是地形的最高处（图 5.4）。其北面边界的后方是一条高速公路，边界靠内侧的地形已经被修整得很陡，不可以种植作物或其他有用植物，故围栏没有将这部分围在里面。由于靠近高速公路，所以阻挡和降低公路噪音也需在设计时加以考虑。这条公路由西向东成为热风的走廊，而寒风的主要是北风，这些在设计防风时需要考虑。

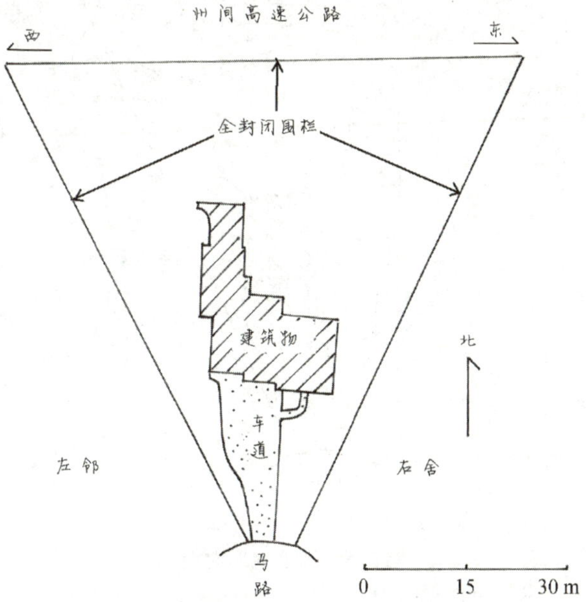

图 5.4　场地界线及建筑物和道路的分布

■ 地形和水

地形总体缓缓向北倾斜，东边略高。北面已经有一道用建房时挖出来的土堆成的土墩，使得土墩南面的坡向倒转朝南，阻止雨水顺坡向北流失。这样，场地地形已经有了一些起伏，如果再进行一些修整，可将整个后院的地形塑造得更具多样性，同时可收集和储存雨水（图版 4）。东边邻居家的地势较高，且他们已经对地形进行了修整，从那流出来的雨水大部分都进入这个院子，补充了雨水的来源（图 5.5）。此外，由于房屋的位置较高，屋顶的雨水比较容易收集，原则上只需利用水的重力即可实现田园浇灌。但是需要注意，由于瓦片含有沥青成分，收集的雨水质量可能会受到影响，可否用于灌溉需要进一步研究。

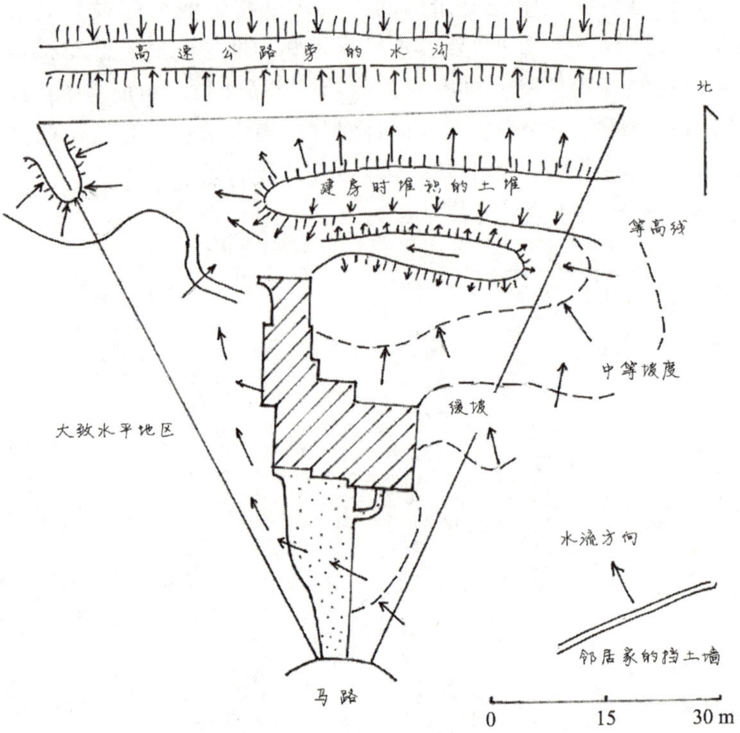

图 5.5　场地地形地貌

注：箭头为坡向，水流方向相同。

场地土壤以黏土为主，轻度压实，下雨半小时后或降雨量超过 6 毫米后，地表出现片流。如果土壤中有机质含量大幅增加，并且得到有效防护（如覆盖），储水能力将大大提高，即使在干旱季节，土壤中仍能保持较高的水分。因此，这个场地对于雨水的收集利用和排放有相当大的潜在优势。

■ 通道和通风

这个场地坐落在一条南北方向的独头街道的北端，前院和住房正对着马路。房屋的东西两边都可以出入后院，其中西边可通汽车，这样大宗物资可以直接运达后院。东边的入口可以进出一辆手推车，而且通常人出入也都从这边走。院子内部主体是草坪，虽有几棵树，但不影响走动。房屋建筑本身可阻挡部分南面来的风。因为在阳面，不但房屋高（二层楼），而且地势高，所以冬天会在后院投下长长的阴影，从而对微气候产生较大的影响。

■ 植被和野生动物

整个后院用1.8米高的全密封围栏围住，大型动物不能随便出入，这样对田园有潜在危害的动物主要就是鸟类。由于周围住家的院落主要以生态意义不大的草坪为主，试想当这个院子种满莓果、水果和坚果，变成一个丰富且多样化的可食系统生态林后，也将成为鸟类觅食的天堂和竞争的场所。更大的潜在压力来自土壤生态环境，因为院外住家的草坪使用了大量化肥和除草剂等化学制品，可以预见将来可能会出现的病虫害。此外，北面洲际公路两旁栽植的成熟树木及田野里的种子可能会随风飘来，所以也许要考虑在北面种植一道防风树带。

院子草坪中的草主要是高羊茅（festuca elata）和百慕大草（Bermuda greens）。由于没有采用除草剂，也有一定数量的其他类型的“野草”，如果能妥善处理，它们会随着自然田园的演化逐渐减少。可采取的方法是用密集种植的目标植物将它们挤走，但这需要几年的时间，必须要有耐心。同时，也要警惕像百慕大草等延伸根很发达的草种会转向其他的地方，特别是遮阴处。更难处理的是有毒性的常青藤，它们不但会到处生根，而且生长的莓果子为鸟类提供食物（作为回报，鸟将它们的种子传播出去），用覆盖也很难彻底清除，因为它们的根会“打游击”战，手工拔除很费时间，最好的方法是让山羊来取食，但山羊需要加强管理，所以不是哪里都适合。这样看来，必要时只好采用除草剂了。

树木方面，在北面围栏之内的条形地带种植一排白松（pinus strobus）作为树篱，在西部边界种几棵紫薇（crape myrtles）。此外，现有两棵垂柳，一棵柳橡树（willow oak），两棵李树（plum），一棵枫树（maple），靠北面还有三棵红桦树（red birch），所有这些树都将暂时保留。它们或是本地植物，或是归化已久的外来植物，在生态系统中所起的作用较大，柳橡树还能提供大量橡子。这里用“暂时”一词，表示它们或许最终会被砍伐。因为它们不是我们的目标植物，而目标植物需要时间来成长，在这之前，需要现有树木来维持有利的微气候环境，同时加速土壤的营造。在这方面，枫树和红桦树更有效，因为它们的根更活跃，能够窜出新枝。从自然生态演化过程来看，这些树木代表了较为早期阶段的组合，等它们成长到鼎盛期，树冠会相互重合，在这之前，次层植物需要深深扎下根并成长到一定阶段（图5.6）。

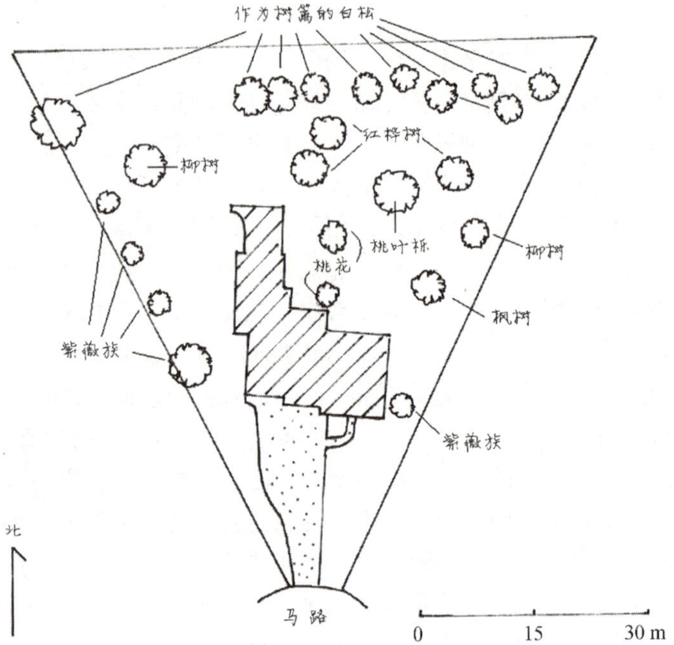

图 5.6　现有植被分布

■ 微气候分区及规划简要

坡向、建筑物和现有植被决定场地内微气候的分区。现有树木除了白松，其他的都是落叶树，它们在不同的季节有不同的透光度，所以对周围的微气候有不同的影响。

图 5.7 是该场地的微气候分区。区一在最南端建筑物前段的两旁，由于向阳且有砖墙对阳光进行反射，故最热、最干燥。同时，由于院落和街道无障碍接触，所以视觉效果非常重要，需要有比较美观的覆盖物来做装饰。区二在建筑物右面的围栏边，这块区域受到右面邻居家建筑物的阳光阻挡，所以冷、阴、潮湿且温度易突变（受阴影移动的影响），故不宜种植开花的果树，但可以种植耐阴的一年生植物。区三在再往北的一块开阔的微微背阳的缓坡，无阳光遮挡，但是冬天的下午，建筑物会在这里投下阴影。区四继续往北，在用建房时挖出的土壤堆成的土堆的南坡，所以朝阳，并且没有太多的遮挡，故是种植的最佳地段。区五再往北，在朝北的坡面，整个冬天都没有阳光，但夏天阳光充足，适合种植常青的防风树。区六在西面，那片区域阳光充足，但由于这里需要进出车辆、供游乐活动、堆积物资等，故需要保留草坪和野花。

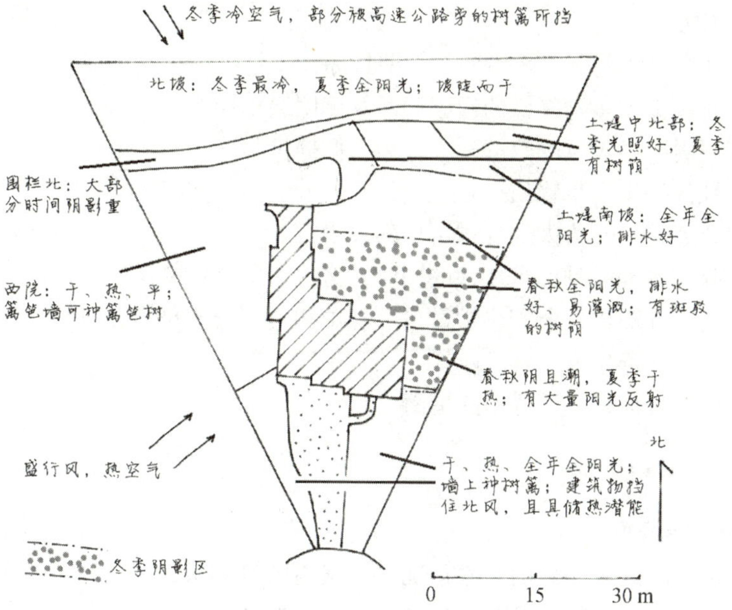

图 5.7　微气候分区

■ 土壤分析

该项目创作者为了更进一步了解场地内土壤的情况，利用市政府免费提供的土壤分析服务，对土壤进行了分区域定点取样，取样点分别是围栏边、土敦、洼地、柳橡树下和柳树下。每一个样品取自地下 2 ～ 8 英寸（5 ～ 20 厘米）的深处，并且由 10 ～ 15 个样品混合而成。一般土壤采用随机取样，目的是客观地得到一个地区土壤的平均或一般特征，但在这里，创作者更想知道的是不同环境中土壤的成分，从而为土壤的改良（随着土壤用处的不同而有差异）提供依据。

肉眼观察土壤样品后可以发现，土壤中有机物很少，只集中在最上面一寸（约 3.5 厘米）厚的土壤中。测试表明，所有土样的有机物含量都很低（低于 0.4%）。除抬升园床样品外，其余样品 pH 值都在 5 ～ 6 之间，酸性较强，这可能与有机物含量低及微生物活动量少有关。土壤的 pH 值和养分能否被植物利用有关，在这样的 pH 环境下，磷是不能被有效利用的。并且测试显示，绝大多数样品的磷含量都很低，所以需要添加诸如骨粉等来提高土壤磷含量，同时添加石灰提高土壤的 pH 值。更为重要的一点是，通过种植和覆盖等措施提高土壤中的生物量，增强作为磷通道的菌根的活动。

其他的主要营养元素含量相对还能接受。虽然没有测试微量元素含量，但会通过加入岩粉等进行改善。

2. 长期目标

修建这个家庭院落森林田园的长期目标：

● 为家庭提供多种多样的健康产品及休闲娱乐场所。

● 在温暖的春天及炎热的夏天，为人们提供阴凉。

● 为社区提供再生物质。

● 美化庭院，并为人们提供可口的食物。

● 在强调本地品种的重要性的同时，努力使所有生物体的生长都得到满足。

● 田园设计简单，所需维护最少。春季和夏季一般每周照料两个小时，秋季和冬季更少，尽量让田园自己恢复。

这个长期目标是之后行动的指南。

（三）场地准备

1. 确定指导思想

首先依据对现有场地的观察情况、土壤测试结果和长期目标，判断需不需要做充分的场地准备。特别是在开始种植目标植物之前，先判断要不要花较长的时间进行大规模土壤改良。对于单个种植园床来说，有一些不太需要事先准备的方法，如压草垫法、改良的丛林方法等。对于整个田园系统来说，许多设计者也偏向于不事先进行土壤改良，而是直接启动计划，让系统朝着设计的方向演化，也就是直接开始种植，让土壤的改良与系统的演化同步进行。

此项目根据下列事实，确定必须要做相应的场地准备：

● 景观和土壤已受到严重的人为干扰。

● 后院的树冠快要重合在一起了。

● 如果想让系统得以新生，在后院的树冠重合之前，需要让树下次层植物尽可能多的利用可以接收的阳光。

● 土壤贫瘠，根据水文和当地的生态状态，如果不从系统外输入大量的堆肥和养料，需要很长的时间才能将系统转变成健康的生态系统，进而生产出高价值的作物。

一旦决定场地（特别是土壤）需要做大规模准备后，设计就主要集中在起始阶段，而这中间最主要的就是水分利用、通道设计和土壤改良。

关于水分利用，主要是让土壤有更多的机会和能力接收水分并保存水分。对于一个以黏土为特征的坡地，采用渗流洼沟、覆盖的水坑、不封底的池塘和增加土壤中的真菌等方法都能延长水分在土壤中停留的时间，从而增加水分渗入土壤的机会。而增加土壤中的有机物含量，则会增强土壤的持水能力。松土，以及通过修建走道减少土壤踩踏，对于这两者也都有帮助。

关于通道，主要根据鼓励通行还是禁止通行的指导思想来设计。鼓励通行的要修走道，禁止通行的要修围栏、挡风树篱等。通道的设计关系到土地的利用、土壤的压实及水分的流动。通道的设计原则：尽可能沿等高线延伸，方便行走，最好能和渗流洼沟合用；采用匙孔状或鱼刺状的通道来缩短行程，延长边界；使园床在两边走道上均可以操作；有利于减少土壤侵蚀，并和储水地貌特征相融合。

关于土壤改良，在场地准备阶段，主要通过输入大量的叶霉堆肥和木屑来增加土壤中的有机物含量，加入石灰调节 pH 值，并采用极费体力和时间的双开掘方法进行松土。之后主要的养分从系统内部得到供给：第一个渠道是渗流洼沟及种在两边隆起上的养分动态积累物（以俄罗斯紫草为主，经过合适的根瘤菌接种），它们通过沤肥，同时提供水和养分；第二个渠道是池塘及与其相连接的湿地，利用池塘中的风信子（hyacinth）和湿地中的其他植物如木贼（horsetail）、灯心草（rush）、香蒲（cattail）等植物腐烂后会积累养分，但要注意风信子的繁殖能力极强，所以这些水体不可与水道（包括渗流洼沟）相连，而且在开花前要将花头摘去；第三个渠道是在土壤双开掘完成后，种植一季一年生的蔬菜。这样做有几个目的：一是将外来有机物尽快锁定在土壤中；二是在短期内生产出大量可返回土壤的植物，它们利用菌根真菌进行接种，土壤中的菌根网络会快速建立；三是利用它们检验改良后的土壤，并有所收获。在生长季节结束后，它们将被地被植物（如各类三叶草）、救荒野豌豆（vicia sativa）、紫花苜蓿（alfalfa）等所代替。

2. 初期场地规划

第一年的规划是在后院的东面，即微气候分区的区二和区三，修建两条渗流洼沟，上坡（南面，下同）一条在红枫树附近，下坡一条在柳树和最东面的紫薇树之间。在北端的低洼地挖两个池塘，东部高一些，修小池塘，它首先截留住从东面邻居家后院流过来的雨水，另一个挖得大一些，它们之间以湿地相连。如前所述，第一年，在土壤双开掘完成后，种植一季一年生的蔬菜。具体规划是在第一条渗流洼沟上面（一部分在背阳且潮湿的微气候区二）种植绿色组合，如种植香草和冷季的绿叶菜，并且这部分将被保留下来。在两条渗流洼沟之间种植茄科组合，如种植西红柿、椒和茄子等。在阳光最好的地块，种植“三姐妹”组合（图 5.8）。

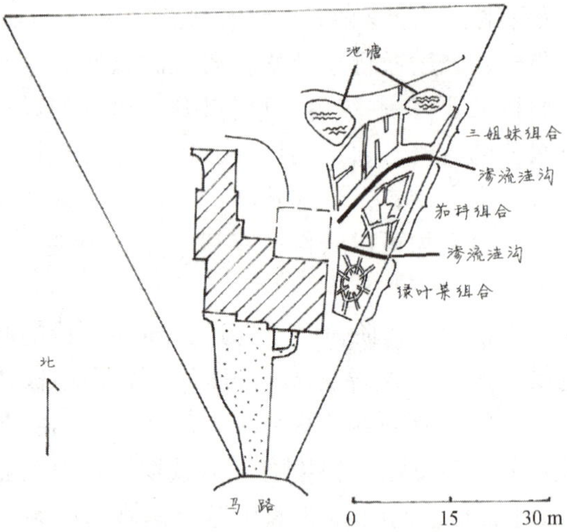

图 5.8　2011 年的初期场地规划

(四) 初期规划的实施

初期规划从 2011 年 1 月开始，5 月结束，实施基本上由该项目创作者一人手工完成。

1. 场地准备

首先，挖掘洼沟及池塘，尽早收集雨水（图 5.9）。从图 5.9 可以看出，渗流洼沟窄且深，池塘底部有台阶，这样可有不同深浅的水面，以支持生物的多样性。池塘的底部没有经过压实，故会以较快的速度漏水，但是随着池内土壤中有机物的积累，其保水性会得到改善。

图 5.9　洼沟及池塘（低位大池塘尚未开始挖掘）

然后，修建走道和园床。图 5. 10 是茄科组合区域的走道设计。走道围起来的区域都是园床。注意，从渗流洼沟挖出来的土都堆在左边，也就是坡的低处。园床的开挖从高坡开始，这样水能更早更有效地渗流到土壤中，而且容易利用重力向下坡运送覆盖物。在挖掘前，先将草皮层移去（堆在土墩上）。一个园床的开掘完成后，立刻加入足够的白云石及有机肥，然后盖上堆肥（包括市政府免费提供的叶霉堆肥），再把多余的堆肥顺坡滚下去覆盖下一个园床。

图 5. 10　茄科组合区域的走道设计

注：右边的园床采用匙孔形式。

图 5. 11 的右下角是绿色组合园床完成后的场景。仔细观察可以发现，床间的走道在植物长大后变窄，创作者后来也意识到这一点。另外，走道上没有做以彻底压制野草为目的的覆盖，而是铺上一层松针作为标志。这是有意设计的，目的是让有固氮和授粉作用的三叶草来占领走道。因为这是个森林田园，所以这样的形式更加容易被人接受，且大部分一年生的园床最终将不复存在。

图 5. 11　种植绿色组合的双开掘床

这里，将会种一些生菜、芥末、芝麻菜和大蒜等，也会种一些俄罗斯紫草。到了五月，栽在花盆里的一年生植物在进行短暂的硬化处理后，便可移植到地里去了。

2. 种植

由于首季一年生蔬菜，特别是茄科和“三姐妹”组合，主要以“试验”为目的，因此在选择品种时，对于是开放授粉还是交叉授粉无须介意。对于绿色组合植物，直接将种子埋在地里。对于茄科和“三姐妹”组合植物，先在室内育苗，开始时所有植物种子都用相关的菌根真菌进行接种，然后种在装有有机基质的盆栽土中。出苗后每周用堆肥茶喷洒一次。在移植时，喷洒柳枝条泡过夜的水，因为它们富含生根荷尔蒙。虽然当地传统上最后一个有霜日是5月1日，但在确信4月底不可能再有低温时，就可以开始移植了。在这之前，用塑料布将地块遮盖几天，有助于土壤升温。覆盖物主要是来自城市的叶霉，如果对叶霉的生物活性存疑，可以将叶霉和有生物活性的土壤调节剂混合起来，放置一段时间，让益生菌和真菌感染叶霉。

图版5是三个菜园的组合，大部分植物已被移植出去，并开始生长。

在茄科组合地里，每一田块上（相对于一个园床）种植四棵西红柿，以及大蒜、罗勒（basil）、牛至（oregano）、椒和茄子等。此外，还种植了一些金盏花（marigold）、薄荷、香菜、西洋蓍草（yarrow）、新西兰菠菜和香芹（parsley）等。到晚夏，还将种植一小块地的秋葵。中间红枫树的根区周围没有扰动，仅在上面覆盖了硬纸板和木屑。

到六月的第一个周末，双掘开挖的“四姐妹”（传统的“三姐妹”加上向日葵）组合地开挖结束，立即将植物种子（豆子和南瓜）撒下或将幼苗（玉米和向日葵）移植下去。

3. 检验

至此该项目的创作者已经筋疲力尽，幸好除了那个大的池塘尚待完成外，其余主要土工都已完成。除了日常维护外，主要工作就是浇水和喷洒堆肥茶，然后，好好观察和反思一下已经完成的工作。

六月中旬，所有园床都在健康成长，绿色组合已经到了收获的黄金季节（图版6和图版7），似乎一切都朝着预计的方向发展。

玉米在移植时已经较大，由于之前一直种植在相对较小的盆中，因此它们的根系特别是主根的生长受到很大的限制，同时在移苗过程中也会有损伤，这将影响玉米在地里的生长情况，特别是抗风能力。因此，玉米等有深根的植物最好采用直播的方式，即直接将种子撒在地里。显然，由于土壤准备完成得有点晚，导致玉米移栽有些迟。但是，“三姐妹”中的玉米必须率先生长，才既不会被南瓜藤所遮盖，又能为豆子起到支架作用。

另外，我们注意到，这里的园床只是用叶霉堆肥来覆盖。叶霉堆肥是很好的栽培基质，特别是对于木本植物，但是它减少土壤水分蒸发的作用不是很明显。所以在干旱的夏季，依然需要频繁地人工浇水。还有一个原因，虽然土壤都经过双掘翻耕，但其中有机质含量依然很低，还没有形成一定数量的团粒结构，这也大大增加了供水的压力。事实证明，我们的这个推理是对的，该菜园在炎热干旱的夏季基本每天都需要浇水。

至于土壤改良，由于采用了双掘法，原来经过长时间建立起来的土壤内生物环境在相当深度内受到一定程度的扰动，特别是氧气大量、快速地进入原本相对封闭的土壤，所以新的生物环境需要较长的时间来重建。但是，对被压得结结实实且非常贫瘠的土壤进行全面改良，该方法仍然不失为有效的选择，可将加入的有机物锁在土壤中。当然，这需要花费大量的人力和时间。如果不将有机物（这里主要是叶霉堆肥）直接混入土中，而是覆盖在地面，让它们自上而下提供养分，能够减少对土壤的进一步扰动。

关于水工结构，即已建成的两条渗流洼沟和一个小池塘，由于没有比较稳定的水源，如家庭灰色水，只能依靠雨水，因此在密集种植的一年生田园中所起到的作用不太明显，特别是在干燥的夏天，远远满足不了用水需求。但是，当菜园转化成森林田园后，随着供水从现在的面状变为线状，它的作用会渐渐显现。其他自然田园概念的应用，如为了控制害虫，修建池塘为益虫提供栖息地，通过植物依赖群的种植来减轻害虫对庄稼的损害等，也需要很长的时间才能发挥作用。因为害虫大量聚集需要时间，只有当害虫达到一定数量时，才会吸引它们的天敌，因此要使益虫在这里落户，并起到有效的作用，需要更长的时间。

之前对于玉米的担忧不是没有道理，不久后的三次大风暴在玉米尚未成熟前就将它们彻底摧毁了。但是，有一部分向日葵挺了过来，南瓜和四季豆柔韧性较好，影响不大。西红柿和黄瓜等由于有竹竿支撑，也没有多大损失。虽然不能肯定地说，如果当时玉米选择直播而不是移栽就不会有问题，但损失可能会减少。

此后，田园的发展没有什么出人意料之处。西红柿和椒类长得都很好，茄子和南瓜尽管有虫子，但均在可控的范围之内。

（五）田园转型——地被作物

秋天到来年春天这段时间，是种植地被植物的适宜季节。这些植物不但能保护、滋养土壤，而且将长久存在，成为生态系统的一部分。

在原来的绿色组合田块和茄科组合田块中，将主要种植红色三叶草和紫花苜蓿，并播撒一些冬季的绿菜种子，以增加植物多样性。而在原来的“四姐妹”组合田块，由于阳光更充足，主要种植救荒野豌豆，并间作许多种冬季蔬菜。这些有固氮作用的植物用合适的细菌或真菌接种，以便能尽快在土壤中建立起有益的微生物环境。该年度气候比往常要热，秋天还在收获专门种植的及从堆肥中生长出的茄科植物。到了冬天，人工播种和自行撒籽的绿色蔬菜和地盖庄稼，包括紫草等（图版8），依然在生长。那时，大池塘挖掘已经完成，并有青蛙栖息，落叶自然堆积成覆盖物，二月的几场雨雪使得上下两条渗流洼沟都蓄满了水，进一步补充土壤水分，一切生态作用都在自然进行。

次年早春异常温暖，频繁出现日平均气温15 ℃以上的好天气，因此，田园春意盎然。俄罗斯紫草已到了收获的黄金季节（最好在开花前收割）。冬季种的地被植物都开花了，这表明它们的使命即将完成，春季的地被植物将取而代之。

图版9是冬季多作物组合进入春季时的景观。在这个植物组合中，紫草是田园养分的主要提供者（通过渗流洼沟），而三叶草及救荒野豌豆为其他植物提供氮肥，大蒜等用气味来迷惑害虫，牛至和大白菜等为授粉动物提供食物。

四月初，原茄科组合田块重新被各种三叶草和紫花苜蓿占领（图版10）。作为森林田园中的草本层，这些植物层将长期存在，它们的作用是滋养和保护土壤，并提供养分和有利于益虫的生态环境。在柳树根系延伸范围内的地表上种植红花、绛花、白花三叶草，和救荒野豌豆这四种具有固氮能力的植物为柳树提供氮肥，当渗流洼沟的水满后，溢出来的水为它们提供水分。

在木屑覆盖物中生长出了野蘑菇，这是个好现象。当然，并不是说要取食这些蘑菇，而是希望在地下能加快建成菌丝网络，因为这是地下养分的通道。

地被作物的收割时间是有讲究的：开花前收割，叶子的养分比较高，也不会出现种子随花到处繁殖的问题；如果等到花开以后收割，可以有意识地为授粉植物提供食物，而且提高了自我繁殖速度。该项目等到五月紫草、红花三叶草和紫花苜蓿开花后将它们割下，撒在地上，作为养分覆盖物。

三叶草和紫花苜蓿等被割下后，原来被“淹没”的生菜、香芹、野烟草、牛至、大蒜及新英格兰雏菊等都露了出来。

在两个池塘之间的“湿地”上种植有木贼属（equisetum）植物。

（六）田园果树栽种

七月开始栽种果树。基本方法是以果树为中心，周围种植多年生草本层作为植物依赖群。在果树选择方面，主要按照适用性原则，选择了下列果树：3棵猕猴桃、4棵木瓜、4棵接骨木（erberry，生产黑色可食莓果，本地品种和欧洲品种各2棵）、1棵桑树、1棵嫁接在美洲柿子上的亚洲柿子、3棵石榴、3棵费约果、1棵月桂树。其中，前5种植物种植在后院，后3种植物种植在前院。除此之外，还种植了一些本土的固氮树种，如刺槐（black locust）和紫穗槐（false indigo），使得这里看上去更像是森林。

由于地形的稍微改动就会影响到植物对水的获取，所以在栽树时，也需仔细考虑每一棵树所需要的地形改动，形成所谓的微型水收获特征地貌。

图 5. 12 是后院和前院的果树种植位置规划。图中还标出了将要移植过来的蓝莓。蓝莓原本种在松树下的土堆上，但是由于缺水，长势一直较差，所以需要改变一下位置。对于桑树，图中给出了两个位置供选择。

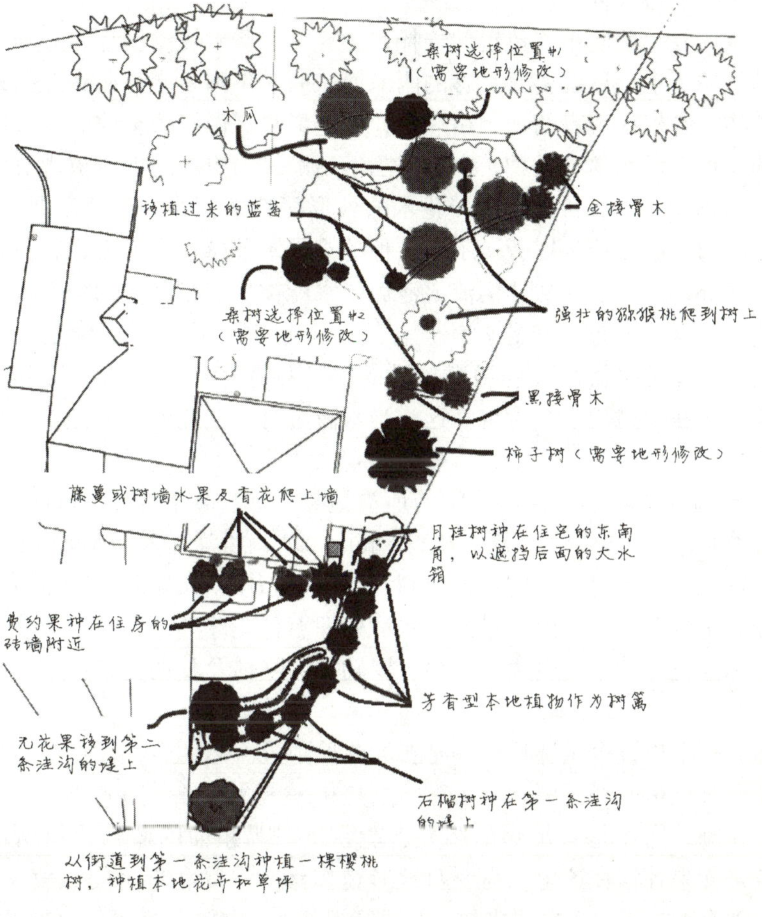

图 5. 12 前后院的树木种植规划

先来看前院。因为前院在马路旁，所以和后院比起来，美观更加重要。于是，在靠近马路的樱桃树后面，留出一小片地生长当地的野花和草坪。由于渗流洼沟可以有效地为种植在沟边的植物供水，所以前院也设计了两条渗流洼沟，为 3 棵石榴树和 1 棵移植过来的无花果树供水。由于电线等都埋在前院的草坪底下，这里的渗流洼沟不能像后院那样挖得太深，所以需要挖得宽一些，以容纳一定量的水。这两个洼沟并列在一起，使地形看起来像微微起伏的丘陵，更显得如同森林。在前一条洼沟后面的坡面上种植3棵石榴树和一些本地的芳香灌木或藤本，而在后一条洼沟后面种植无花果树。前一条洼沟与后院高处的那条洼沟相连，前院洼沟溢出的水流向后院洼沟。费约果树和月桂树种在靠近住房处，充分利用那里温暖的微气候环境。

再来看后院。后院植物位置的选择要相对容易些。依据设计和规划的总体要求，在炎热的下午，后院要有足够的阴凉处，而上午则要允许阳光照射进来。一些新的植物将种植在现有的田园格局中，而地形只需做轻微整改。选择的木瓜不是热带的品种，而是本地品种。木瓜耐阴、耐潮，当田园的上空被现有的树木遮蔽时，它们仍能健康成长。欧洲接骨木的外形很特别，并肩种植以便交叉授粉，位置选在南面的渗流洼沟堤旁。本地品种的接骨木种植在小池塘边，可改善野生动物的生存环境。为了让从洼沟流入池塘的水能被这棵接骨木利用，进行这样的地形修改：在水流经过的线路两侧，各筑一个半边“肺”形的隆起，水可以从中间流过；在下游水流出处有微微抬升的坎，并将这两片“肺”围起来的区域的地势降低，在旁边挖一个深坑。这样当水流过时，在此处短暂停留，被土壤吸收。当水量增大时，会从下游的坎溢出。树就种在“肺”形隆起内部的深坑处。在“肺”形边缘的隆起上种植强壮的地被植物，如柠檬香草（lemon balm）、牛至、管蜂香草（bee balm）、紫锥花（echinacea）、西洋蓍草（yarrow）和紫草，以增强其稳定性。同时，它们各自起到一定的生态作用，能防止野草侵入，并且它们开花时十分美观。在内部最深的水坑处埋上莲花球茎，其他地方撒下紫花苜蓿、红花和绛花三叶草、生菜、韭菜、罗勒、西红柿及其他夏季香草和蔬菜（图5.13）。

桑树有两个位置可供选择。一是在大池塘附近（#1位），优点是目前的小环境不错，而且土壤已经过面状覆盖；缺点是将来这个地方，阳光不足。二是靠南（#2位）一侧，优点是有足够的阳光，能在下午为东面的蓝莓提供所需要的遮阴；缺点是如果种植在这里，需要对地形稍作修改，以利于水的截留。3棵猕猴桃种植在现有的树下（2棵红桦树，1棵红枫树），猕猴桃树可能会长得很高大，但是桦树和枫树都能忍受整枝，所以可以与猕猴桃树一起修剪。日本柿子树将种植在绿色组合田里，它将在那里形成树盖，但是地形也需要修整以吸收从前院渗流洼沟中溢流出来的水。

对于其他果树，树下的地形和植物组合也做了相应的考虑。

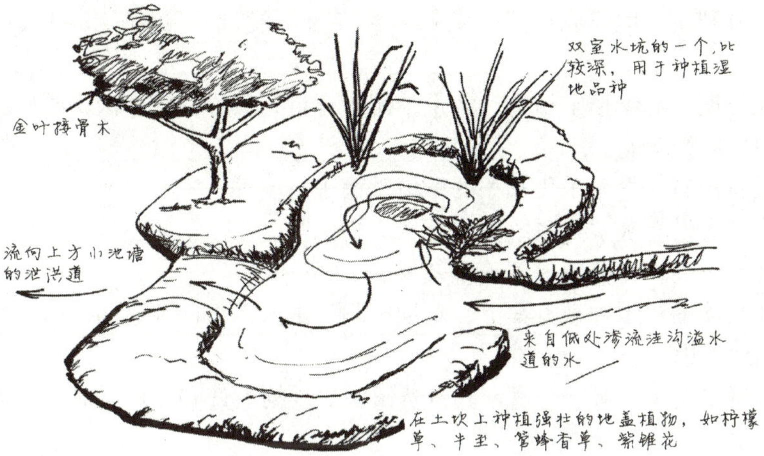

图 5.13　接骨木种植处的坎—坑微型水收获特征地形

除了果树的种植外，计划开始种植本土品种的多年生固氮植物，以逐步替代外来的一年生草本固氮植物如三叶草。这里选择的树种是刺槐和紫穗槐。

至此，这个普通家庭后院修建的森林田园已经启动，我们期待它沿着预设的方向演化发展。

从上面的描述和讨论中，可以看出，这个家庭森林田园的设计和实施有下列特征：

● 除了第一年种植大量一年生蔬菜外，之后以果树种植为主，所以属于森林式田园。

● 田园中现有的树木，即使不是最后的目标植物，也尽量保留，至少在开始阶段是如此。

● 由于现有树木的树冠已经很大，所以采用较为动态的设计，目的是要在它们合拢之前让尽可能多的植物生长到一定的阶段。

● 基本上具备了森林的多层结构，即有乔木、小型树如接骨木和蓝莓，藤本如猕猴桃，以及以提供服务为主要目的的草本植物。对于乔木，既有目标植物（果树），也有服务型的固氮植物（刺槐和紫穗槐）。

● 充分利用自然的地形起伏，并且人为地创造多种集水地形，如池塘、渗流洼沟、微型水收获特征地形等，以最大限度地实现植物的自流式灌溉。

● 由于现有的土壤被压实得十分致密，水分很难渗流进去。为了使系统尽快启动，人工对土壤进行了翻耕。

● 土壤养分的改善主要通过覆盖实现。第一年种植蔬菜，不但可以有收获，而且可以将有机肥和堆肥中的养分固定在植物中，然后通过覆盖，还予土壤。

● 充分利用当地政府免费提供的服务（土壤测试）和物质供给（叶霉覆盖物）。

● 在早期，对于草本植物，大量采用先育苗，后移植的方法；而后，主要依靠植物的自撒籽功能。

● 在育苗时，尽量采用相关的菌根真菌进行接种。

● 家禽等没有被引入系统。

● 在临街处，充分考虑了美学效果。

● 在具体的树木种植方案上，对期望阳光进入的方向和时间，以及树荫的分布做了细致考虑。

这一典型案例，对于普通家庭自然田园的规划设计和建设具有一定的启发作用和参考价值。

第六章 田园植物分述

本章在介绍植物时不做全面的介绍，而是采用比较灵活、自由的形式，重点介绍自然田园中常见的植物及其护理要点。对于蔬菜，还根据实践体会介绍了栽培中可能会产生的问题及解决方法，以供参考。从气候适应性来说，本章所选择的田园植物大多数是亚热带和温带植物。每一种植物也许有相应的本地或乡土品种，它们更值得我们在自然田园中种植。

一、常见田园植物的分类

和其他生物分类一样，植物分类也是有级别的，而人们最感兴趣的是科、属、种、亚种或人工培育品种。在对植物进行分类时，优先确定特征的是植物所开花的形状。此外，蔬菜植物所属的“科”相对于更下一级的“属”更重要，如轮种一般以“科”为单位，因此许多文献中一般只介绍“科”。但是“属”也有实际意义，如同一属不同种的植物，如芸薹属，常常会发生交叉授粉。

田园主要植物分类如下：

茄科

蔬菜：椒（灯笼椒和辣椒）、番茄、马铃薯、茄子、烟草、树番茄。

花卉：矮牵牛（petunia）、百万小铃。

十字花科

蔬菜：大白菜、圆白菜、各种青菜、菜花、绿菜花、甘蓝、白萝卜、芜菁。

花卉：香蒲、屈曲花。

葫芦科

蔬菜：南瓜、黄瓜、西葫芦、苦瓜、西瓜。

豆科

蔬菜：四季豆、豌豆、蚕豆、花生、野豌豆、三叶草、苜蓿、豇豆。

花卉：羽扇豆、红花菜豆。

菊科

蔬菜：莴苣、向日葵、牛蒡、洋姜、菜蓟、茼蒿。

花卉：菊花类。

禾本科

农作物：玉米、稻、麦、小米。

花卉：各种装饰性的草。

百合科

蔬菜：洋葱、青葱、韭菜、大蒜、大葱。

花卉：郁金香、玉簪属植物。

唇形科

蔬菜：薄荷类的香草，如九层塔、墨角兰、百里香、薄荷。

花卉：鼠尾草、薰衣草。

杜鹃花科

水果：蓝莓、蔓越橘。

花卉：杜鹃花。

藜科

蔬菜：菠菜、甜菜、莙荙菜。

伞形科

蔬菜：胡萝卜、芹菜、香菜、西芹、欧防风、莳萝、茴香。

天南星科

蔬菜：芋头。

锦葵科

蔬菜：秋葵。

花卉：锦葵。

蔷薇科

水果：苹果、桃、杏、梨、李、草莓、黑莓、红莓、杏仁、樱桃。

花卉：蔷薇、玫瑰、梅。

二、蔬菜

为了提高蔬菜的质量，增强气候适应性及延长种植时间，人们已经培育出越来越多的蔬菜种类和品种。但是不少人工培育种类和品种仅局限在某些地域种植，所以各地所用的品种或名称有所不同。这里只介绍常见的、传统的种类，对于人工培育的新品种不做专门的讨论。

白萝卜

生长特性：十字花科，一年生或二年生草本，喜冷凉气候，是常见的根茎类蔬菜，生食和熟食都可以。

田园种植要点：品种多，各季节都有适宜种植的品种；有松土功能，适应性较强；自撒籽，需要的照料很少，但是如果要想收获个体很大的萝卜，就需要有较深且颗粒较均匀的土壤；收获时留几棵开花打籽，同时为授粉蜂蝶提供食物；不要和桃树种的太近，有可能会使桃树得病。

菠菜

生长特性：藜科，一年生或二年生草本。菠菜是耐寒性强的长日照作物，在高温长日照条件下植株易抽薹开花。由于叶片面积大而柔嫩，需水量较高；最适宜的土壤为中性至弱碱性土壤。

田园种植要点：对日照强度要求不严，可与高秆作物间套作；生长时间短，产量低但味道好，需要勤采摘。在热天打籽，在寒带和温带地区可以在春天播种，在热带和亚热带可作为冬季填闲植物栽培。整地时可以添加石灰。

抱子甘蓝

生长特性：十字花科，二年生草本，生长期喜湿润，但不宜过湿，以免影响生长；抗寒性能强，抗热性能弱。

田园种植要点：可在夏天开始播种。如果不结球或结球不结实，可能是因为天气太热或者氮肥过剩，

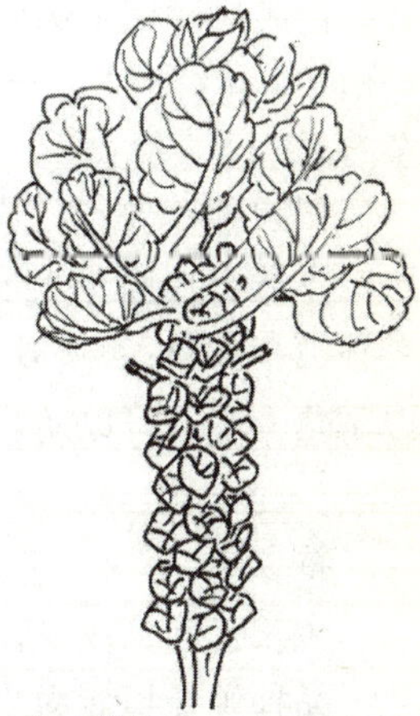
抱子甘蓝（brussels sprout）

如果氮肥过剩则需要通过覆盖的方法进行施肥。一般采用育苗移栽。开始结球后，顺序摘除结球处的侧叶。

花椰菜

生长特性：十字花科一年生植物，又叫花菜或菜花。一般秋天种植，喜凉爽，适宜生长温度在15℃左右；过热花头易散开。花椰菜根系发达，再生能力强，一般采用育苗移栽。

田园种植要点：可在晚夏天播种，秋天移栽，适合野草垫园床。如果不等花头长得很大即勤摘食用，花头便小而多；勤摘就要勤施肥。要使花头颜色浅，可用侧叶包住花头以避免过度日晒。施肥采用质量高的覆盖物或者每周喷一次液态肥。

问题及解决办法

- 腐烂　当植株开始腐烂时要整株彻底去除，否则会妨碍其他植株生长。
- 毛虫　间种旱金莲、三叶草，或者放置盆栽薰衣草；用胶体喷雾，严重的需要喷苏云金杆菌（dipel）。
- 蚜虫　适当晚一些时间种植；加木炭灰、紫草或堆肥；用水冲刷。
- 叶子长而细　可能是缺钼，可施些钼肥。

菜蓟

生长特性：菊科，多年生蔬菜植物，植株能长到直径一米多。喜阳，适合冬季较冷的地方，但是过冷则个头较小。可食部分是它的蓟（在尚未开花时），一般腌制后食用，是高档菜肴之一。

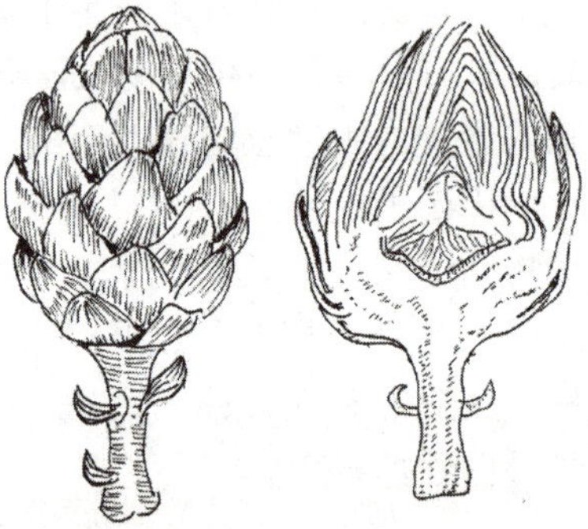

菜蓟（globe artichoke）

田园种植要点：由于植物所占面积较大，所以不适合小型菜园；能同时作为景观植物，可种植在朝阳的树林边缘。采用覆盖，夏天可以防热，冬天可以防霜。在生长季节需要较多的养分，适合通过堆肥进行施肥。

蚕豆

生长特性：豆科，一年生草本。植株较小时抗寒能力强，故需要种植晚秋或初冬品种，在植株尚小时越冬。

田园种植要点：蚕豆可以固氮，对土壤肥力要求不高，喜欢厚厚的覆盖。蚕豆没有太多的野草问题，但需要成小堆密集种植，如种在两个叠在一起的轮胎中，也可用铁丝网围起来作支撑，或者将植物的上部剪去以防止长得过高而折断。蚕豆自撒籽能力很强。

问题及解决办法

- 春天有蚜虫　可能是因为种得太早，可以将受害的豆子采下食用。
- 黑点　可用木炭灰或紫草覆盖，也可用各种有机杀菌剂。

洋葱

生长特性：百合科，多年生草本。耐暑和耐寒性能均较强，喜排水良好的土壤。

田园种植要点：用于贮藏的洋葱在冬天种，而新鲜吃的洋葱在春天种。洋葱生长慢，易被野草淹没，所以需要先清理场地，清除野草。出苗后，可用覆盖来压制野草。种在野草垫上时，可在垫子上割一条直线，将它们密集成排种植。宜在土壤中加入一定量的堆肥以增强土壤的透气和排水性能，但是不要在土里埋入未腐熟的覆盖物或厩肥等有机物，否则根会腐烂。洋葱和胡萝卜一样，土无须翻耕，它们的根会自行往下扎。

问题及解决办法

- 被野草淹没　在初期更需要防止，种植三色紫罗兰（pansy）会有帮助。
- 茎脖腐烂　地里有未腐烂的有机物，需要将它们翻回到地面。

葱

生长特性：葱包括大葱、分葱和胡葱等，为百合科多年生蔬菜。大葱生长时间长，而其他葱生长时间较短。大葱在我国主要生长在北方，常大片种植，产量非常高且生命力顽强。

田园种植要点：自撒籽能力很强，常常会生长得太密，这时就得趁嫩收获或者移植；喜覆盖，在旱季覆盖到绿叶，这样也可以防止阳光照到根部，从而使整株变绿。另一个防止整株变绿的方法是用报纸等将植株的下部包裹起来。在寒带，可用岩石覆盖。

问题及解决办法

- 太老　表明生长过头，可留下来打籽。
- 太小　种得太密或肥不足，就嫩吃。

大黄

生长特性：蓼科大黄属的总称，多年生不落叶植物。叶不可食，但有药用价值；茎可食用，遇热成粥状，常作为甜食，味同果酱；其根用水煮后有黑发功效。（要注意，中医所用的大黄和西方食用的其实不属于同一个品种。）

田园种植要点：枝茎红而叶绿，而且叶子不容易枯萎，比较美观，因此适合作为装饰植物。适应半阳光，可种在树下；需勤施肥或采用覆盖；可以种植在各种种植床上，也可种在吊篮中，比较抗旱。如果叶子很小，施一点儿陈年鸡粪或稀释的尿液。通常采用分根繁殖，也可播种种植。

问题及解决办法

- 甲虫　间种各种菊花或喷胶状液。

地瓜（番薯）

生长特性：学名为甘薯，豆科藤本植物。在热带是多年生，但在较冷的地方为一年生。喜热，对土壤酸碱性不敏感。藤能爬得很高，且装饰性很强。主要食用部分是块根，叶也可食且味甘美。氮肥太多会产生茎蔓过于旺盛，而块根生长较小的问题。

田园种植要点：春天直接下种，或者在室内先盆栽，待天气转暖后再移植。在寒冷地区，应选择一个保暖区域种植，如石墙旁；也可以种在稀疏的树下，因为那里通常是无霜区。它和土豆虽然属于不同科，但所有能种土豆的地方也能种地瓜。在树下虽然土壤温度比较低，但是块根不会烂，并且能有较长的收获时间。

四季豆

生长特性：豆科，有很多品种，大都是一年生草本。四季豆喜温，但超过25 ℃时会有较多的落花；需要钾肥较多。

田园种植要点：在土壤里撒上木炭灰，或采用纯堆肥，并用液体肥喷洒；加厚覆盖物，以促进更多的根生长，增强抗病虫害能力。

多年生的四季豆特别适合在自然田园中种植。它们在冬天枯萎时需要好好覆盖，否则根会因为露出地面而腐烂。

在幼苗时可以用2升左右容量的透明塑料瓶预防豆蝇、蜗牛和霜冻。方法是将瓶底去掉然后插入土中，依次放入覆盖物、种子，盖以堆肥或盆栽混合基质。当苗开始生长时，要引导它窜出瓶口，同时向瓶内增加覆盖物；之后，继续加载覆盖物，可将瓶子埋没其中。

问题及解决办法

- 豆蝇　缓解的办法是晚种。

番茄

生长特性：茄科，一年生或多年生草本。品种多，生长需要较高的温度（高于25 ℃），对光照不敏感；喜湿润土壤，忌排水不畅。

田园种植要点：适合采用质量高的覆盖物，一直覆盖到第一个分杈。随着植物长高，覆盖物也加高，根须往上生成；多施磷肥和钾肥。因果实较多，主枝易折断，故需搭建支架。枝条碰到地表后容易生根，可用这个方法繁殖或移栽；可盆栽，特别适用于早季或晚季的品种。如果想收获大一点的果实，可以将主杆和侧枝之间的侧芽摘取，否则无须剪枝。霜打之前可将未熟的青果摘下后放熟；或者将整个植株横倒在田里盖上覆盖物，使其在植株上后熟。

问题及解决办法

- 开裂　浇水无规律所致，可以在每一棵植株下倒插一个去底的塑料瓶，每天加一次水。
- 叶子有灰白斑点　霉菌感染所致，将受影响的叶子及时摘除；将下部的叶子和侧芽摘除，以利于通风。
- 枯萎　可能种子有问题，每周用大蒜喷洒枝叶及周围的土壤；覆盖有助于抑制孢子传播。若只有少数受影响，立刻拔掉烧毁，其余的在季节后做同样的处理。如确定感染病菌，五年之内不要在同一地方再种番茄，可用透明塑料布覆盖（土壤曝晒）三周，之后种植其他植物。
- 果蝇　加网或选用皮厚的樱桃番茄。

佛手瓜

生长特性：葫芦科，多年生藤木植物，但在温带通常当作一年生种植；可以攀缘到任何物体、任何高度；喜热；产量异常高。

田园种植要点：在温带，秋天需要加厚覆盖。霜后冻死，但在温暖的土壤中会再生。可种在石墙旁，让它们爬到铁皮屋（或车库）顶上，或者让它们爬到树上，但要警惕不要让它们对母树造成伤害，因为它们会长得很重。

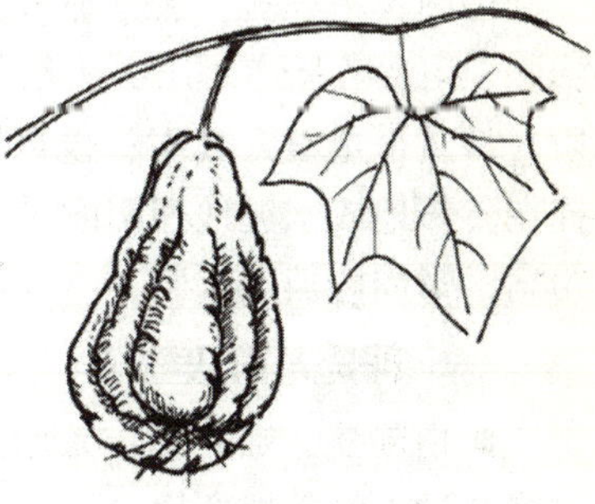

佛手瓜（chayote）

胡萝卜

生长特性：又称红萝卜或甘荀，伞形科芹亚科，二年生草本（但经常作为一年生植物种植），食用肉质根，生长平均适温为15 ～ 20 ℃，有适合各种气候带和种植时间的品种。大多是春播秋收，或延后种植使它们过冬，经霜打后味道更美。

田园种植要点：生长类似紫菜头，杂色（如白、红或黄色）品种更加顽强，且白色和黄色品种会自行撒籽生长。胡萝卜在幼苗时，容易被野草淹没，如果土质不匀，它的根不易长得又直又长，因此，胡萝卜宜种在抬升的园床上，堆积30厘米厚的堆肥或者将土壤耕耘一下，然后撒籽，再零星撒一些薄薄的干草。如果对胡萝卜的形状要求不高，就无须这样做，除草后即可下种。在自然田园中，还可以利用它们来翻松土壤。撒籽后，土壤要保持湿润，可能每天都要浇水，直到发芽。适度耐阴，所以在阳光非常强烈的地方可以和其他高秆植物间种。

问题及解决办法

- 腐烂　有机物没有腐熟时不要将它们埋进土里，否则会使块根腐烂，可以将它们铺在表面当覆盖物。
- 胡萝卜蝇　在园床周围种植旱金莲或者开花的三叶草；加堆肥、木炭和紫草覆盖物；每天喷水；使用菊花喷液。

黄瓜

生长特性：葫芦科，一年生蔓生或攀缘草本；喜温耐热，喜潮湿土壤；以霜季过后的春播为主，在较暖的环境下也可以在夏秋之际播种；藤蔓易折断，需要支架。

田园种植要点：需要加覆盖，出苗后前三周施液态厩肥，之后一般不需要再施肥。可种在野草堆上，方法是在野草堆的边上加一铲土、堆肥或者盆栽混合基质，将黄瓜苗植入其中；也可以种在挂篮里或者金属罐中（需要在底下打洞），挂在砖石地或水泥地朝阳的屋檐窗前。尽量让黄瓜爬上棚架，增加通风，减少白粉病；每周施液态厩肥。

问题及解决办法

- 白粉病　喷牛奶；采用野草垫、棚架或种在挂篮里；采用堆肥；避免土壤过湿与过干的频繁变换。
- 蜗牛　引入鸡等。
- 形态不匀称　授粉不够是主要原因，解决方法是种植蜂蝶喜欢的花卉，避免使用杀虫剂。

● 苦味　在炎热气候下生长了太久，要及时采摘。

莙荙菜

生长特性：又称牛皮菜，藜科，一年生或二年生草本，是甜菜的变种，叶子营养成分高；有绿色和彩色之分，彩色的味道更嫩，而且装饰性更强。

田园种植要点：虽会自行撒籽生长，但通常是在晚夏，就生长季节而言太晚，故需要在春天人工播种。生长周期较长，在很小时即可摘食。如果不断将结籽的顶端掐去，能够收获若干年。但勤摘也需勤施肥，如每周施一次液态厩肥。可密集种植在野草垫、免耕园床中，如果种在花盆或挂篮中，要放在受庇护处。冬季生长的施一些肥能使味道更好。

问题及解决办法

● 斑点或褐秆　需种在通风干燥处，不要种在番茄和生菜等湿气大的植物附近；每两周喷一次海藻液。

芦笋

生长特性：天门冬科，多年生草本，喜富含有机质的砂壤土，对土壤酸碱度的适应性较强。到冬天，芦笋枝干死，但春天会再长出来。芦笋需要较多的养分和照料，是比较高档的蔬菜。

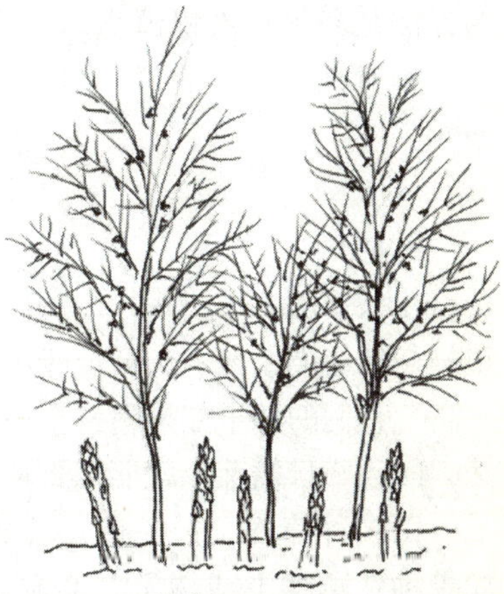

芦笋(asparagus)

田园种植要点：需挖深沟，在沟里填满厩肥或堆肥。刚开始时，容易被野草淹没，故前两年需要经常除草，且第一年不要收获。种植床需要一直覆盖，冬天覆盖物要加到膝盖那么高，任何覆盖物都可以，经过一个冬天它们开始分解；如果覆盖物的养分不足，撒一些骨粉或者稀释的尿液等。

芦笋可以和紫草混种。第一年种一行紫草，第二年当紫草在冬天枯萎时，再在旁边种上芦笋。紫草的作用是带来养分，抑制野草，提供覆盖。芦笋的根较浅，但比紫草长得高，故没有阳光遮挡问题。也可与番茄成伴生种植，番茄为芦笋驱赶甲虫，芦笋为番茄控制土壤线虫。

南瓜（及葫芦科瓜类）

生长特性：葫芦科，品种繁多，大多为一年生藤本。喜温耐旱，藤可食。

田园种植要点：让南瓜藤匍匐在土壤上，藤上生须根，有利于沿途吸收养分和水分，生长得更茂盛。在晚夏，掐除藤枝的末端，加快生长速度；到秋末，让瓜藤爬到铁皮房顶等比较暖和的地方继续成熟。在园床中匍匐生长会占据太大面积，可以让它们攀缘树、棚架或屋顶，但是要多加养分，并且只留少数几根强壮的根生长。也可以让它们在草坪上匍匐生长或穿行在其他较高的植物中间，如“三姐妹”种植法。

南瓜类在收藏前要放在热的表面，如铁皮房顶，在太阳下照射一周，然后放在干燥通风处。

收籽用的瓜越成熟、皮越硬越好，干燥后贮藏过冬，来年再种。

问题及解决办法

- 白粉病　采用野草垫种植，或者勤割藤下的杂草，以减少湿气，使空气畅通；用牛奶喷叶。
- 开花不结瓜　可能是因为授粉动物不足，可以试着人工授粉。当然最根本的方法是多种植授粉植物。
- 存放的南瓜腐烂　可能是采摘得太早；堆放时要将侧面挨地，以减少接触面积。

欧防风

生长特性：伞形科，二年生草本，块根植物，外观类似萝卜，但口味不同，营养价值很高。它们的种子如果新鲜，撒到地上就能发芽，而且一旦发芽，就能像野草一样生长。

欧防风（parsnip）

田园种植要点：一般不太需要施肥，但如果种在草坪上或树下，需要适当施一些液态厩肥。其种子呈鳞片状，有效期仅为一年，注意防止种子过期失效。

生长期长，在春夏播种，来年春天收获，经冬后味道更甘美。

问题及解决办法

- 只长枝叶不长根　种得太早天气太冷之故，需要施加一些肥料。
- 结籽太早　也是因为种得太早。

荸荠

生长特性：单子叶莎草科，多年生草本植物；喜热，需要七个月无霜冻且温暖的生长季节；喜砂性土壤，通常在永久积水的湿地里生长。

田园种植要点：可以在地上挖池种植，也可以在盆中种植。盆中种植可采用临时性灌水的方法，做法是等它们长到15厘米高时，淹水10厘米；到初秋将水排出去，促使球茎膨大。在夏天施有机厩肥或堆肥。

繁殖方法为直接采用球茎下种。

茄子

生长特性：茄科，一年生草本；喜高温，喜阳，喜水又怕水。

田园种植要点：栽培方式与番茄相近，只是生长时间更长（所以可以将番茄嫁接在茄子上以延长番茄的生长季节），需要养分也更多。宜在盆中或挂篮中生长，尤其适合小个鸡蛋型品种，美观，可作装饰用。夏天生长迟缓，可以通过剪枝使之保持旺盛，勤采摘则多长。留籽采用皮色深、籽黑的茄子，将带肉的籽放在罐中至发酵，然后将籽冲洗出来后干燥。

问题及解决办法

- 果蝇　方法见前文论述。
- 花少　土壤不够肥，适当施加有机肥。
- 无果　可能是因为授粉不足。茄子的花对于蜂蝶的吸引力不强，可以间种其他开花植物以吸引蜂蝶。

芹菜

生长特性：伞形科芹亚科，一年生或多年生（野芹菜）；喜冷凉、湿润，不耐高温，一般春种夏收。

田园种植要点：芹菜需要大量的肥料，否则会变瘦变老，因此每周都要施液肥、尿液，以及少量的鸡粪。春天要加覆盖，以防过早打籽。一旦长籽，立刻将茎切掉。采摘时只掰下外围的枝，这样它们还会再长出来，不要将整株割掉或连根拔出。幼苗时可以用倒置的塑料瓶套上。与大葱相似，在收割前两周用纸将整株包住，以防太阳晒，这样芹菜会更嫩。或者将它们密集种植，也能减少阳光对植株的照射，但需要多施肥，个头也会小一些。

问题及解决办法

- 个小且老　肥料不足，要增施肥料。
- 黑色斑点　喷洒波尔多液；覆盖或用野草垫防止其扩散；降低温度；每周

喷一次海藻肥。

青椒

生长特性：与红色辣椒统称为辣椒，茄科，多年生但多作为一年生种植；喜温，喜阳，喜湿润，怕旱涝。

田园种植要点：不少品种很美观，故作为观赏植物种植。自然田园特别推荐种植多年生的辣椒和灯笼椒，它们适合种植在比较暖的位置，如向阳的砖石墙旁。春天播种，秋天加覆盖，每个月加少许尿液或者骨粉，这样到春天会重新生长。收籽要等到颜色变红时才行，将籽在太阳下晒干，然后马上放入干燥的纸袋中储藏。

问题及解决办法

- 霜冻　幼苗可用塑料瓶或者用灌水的护树套防护，或者挖出来装盆后移入室内。
- 果蝇　方法见前文叙述。

生菜（叶莴苣）

生长特性：菊科，一年生或二年生草本；喜凉爽气候，较耐阴。

田园种植要点：品种多，每个季节都有适合的品种。生菜生长较快，可以作填空植物。保持鲜嫩的关键是每周都施液态厩肥，热天时每天都浇水。要使生菜生长快，秋冬用石头覆盖，春季用塑料瓶做小型温室，同时又能挡住蜗牛。对那些散开型不结球的品种，宜采用密集种植，等它们长到手指长时即可采食。

问题及解决办法

- 味苦　天太热，水分不足；或者肥不足，生长太缓慢。夏天高温干旱天气下要勤浇水，适当施些肥料。
- 太瘦　高温弱光下容易徒长，要选择耐热耐抽薹品种。
- 蜗牛、鼻涕虫　方法见前文叙述。

马铃薯（土豆）

生长特性：茄科，一年生草本，喜凉爽气候，但不耐霜。

田园种植要点：从籽开始种植需要两年时间，故大都从发芽的土豆（种薯）开始种植。种薯本身不可以受阳光直射，以防变绿而产生毒性，所以露出地表的要及时堆高覆盖物，收获后也不要放在露天晒。覆盖物可以采用干透了的植物残余物，如陈年的野草、干草料或干的草坪草屑。马铃薯可以种在不同类型的种植床或较深的容器中，也可以与蚕豆间作。

问题及解决办法

● 土豆蛾　覆盖到植物的顶叶，使蛾可以接触的土豆枝叶减少。

● 颜色发绿　太阳晒到根了，需要覆盖。

● 发硬　感染了病毒，可能是因为种薯有问题。彻底拔出土豆，盖上透明塑料布让残留在土里的种薯发芽后再清除，然后种植大蒜和蚕豆。

● 蚜虫　采用厚覆盖。

● 瓢虫　喷胶状液体；用铝箔纸或铁皮板覆盖。

● 腐烂　可能是排水不畅，土壤里未腐熟的有机物导致土豆腐烂。一旦有土豆得了这种病，五年之内不要在同一块地上种土豆。

豌豆

生长特性：豆科，一年生草本；喜肥沃土壤不喜酸性土壤；宜在幼苗阶段越冬。

田园种植要点：有爬藤和矮种之分，爬藤品种需要有支架，而矮种只需在植物间插一些枝杈丛生的树枝即可作为其支撑。长大后无须除野草。

问题及解决办法

● 白粉病　需种在通风处，不要种在其他蔬菜中间，否则湿度太大会引发白粉病；覆盖以防孢子溅起扩散；一旦得病要彻底清除，以免传染给其他植物。

● 鸟害　用防鸟网，或喷红色无毒易清洗的水彩溶液来迷惑鸟；勤采摘。

● 幼苗被咬断　让植苗在无虫的环境下或盆里生长得越大越好，然后移植下种。

西葫芦

生长特性：葫芦科，一年生草本；短日照植物，喜湿润，不耐干旱；易种，高产且味美。

田园种植要点：在春、夏两季种植，适合盆栽或在吊篮中生长。初期果体形同小黄瓜，味道很足。切片后干燥，可存放。

问题及解决办法

● 白粉病　在夏季新种一片，因为新长的更抗病；喷牛奶；覆盖以抑制孢子溅射；通风，

西葫芦（zucchini）

避免种得太密。

向日葵

生长特性：菊科，一年生草本。喜阳耐热、耐旱。其籽（葵花籽）可作零食或榨取油料，有较高的经济价值。花异常大，也可作为花卉，为授粉蜂蝶提供花粉花蜜。

田园种植要点：选择新鲜的籽粒作为种子，从春到夏都可以播种。如果仅仅是为了作为覆盖物，可以密集种植，在开花之前拔出覆盖；也可以作为伴生植物，种在部分耐阴的植物之间，如胡萝卜、生菜、香芹、四季豆或豌豆，为其他植物起到挡风作用。

玉米

生长特性：禾本科，一年生草本，高水肥作物；喜温，喜光。鲜玉米可直接食用，籽粒成熟后则作为粮食和饲料用。

田园种植要点：覆盖得越高越好。第一个月每周施一些液态厩肥，之后就不用照管了。春天可以开始播种，直到秋天。在非常干旱的季节，要用厚厚的沙子盖住种子，这样做可使根植得深，有助于增强抗旱能力。冬季玉米不太甜，种植时要加厚覆盖，以防霜冻。

问题及解决办法

- 毛虫　在穗须上涂矿物油；随时挤捏玉米棒子的头部；喷苏云金杆菌。

圆白菜（大白菜）

生长特性：十字花科，一年生草本；喜凉爽天气，但天气过分寒冷会影响叶片生长；抗暑能力弱，最佳适温范围在 15 ～ 20 ℃。

田园种植要点：可以种植在任何形式的园床上。晚夏种，秋冬或春天收。长日照季节会结籽，一旦长出花茎需要立刻摘除。为了使叶子团成球，采用追肥使叶片长大。在此之前，要注意防菜蝶。

问题及解决办法

同花椰菜。

紫菜头

生长特性：藜科，一年生或二年生草本；生长时间长，叶子呈红脉绿片，害虫相对较少，具有较强的装饰作用。

田园种植要点：除非土壤特别贫瘠，否则无须施肥。在早期，可以采用覆盖压制野草，或者在种植前用塑料布压制野草三周。因为需要疏松的土质，所以适合种在野草垫园床或者以前种过萝卜的地方；也可以种在箱子里。

紫菜头（beetroot）

三、香草

这里介绍的香草主要是在烹饪中作为调料用或者添加到饮料（如茶）中的草本植物，它们都有香味。相对于蔬菜，香草大多是多年生的，生长过程较为缓慢，对于养分和水分的需求也较少，很多都是耐阴的品种。同时，香草如香芹、薄荷、罗勒、迷迭香，更多地被用在常规的花园中，或者以绿叶香草为主题的花坛中，还有许多所谓的“茶园”以开花的香草为主题，如薰衣草（不能食用）、匍匐型的百里香、春黄菊等。在自然田园中，香草还用来迷惑害虫及占领空地，压制野草。但是将香草和蔬菜种在一起时，要考虑它们是否相克。如果相克可以将香草种在盆里，需要时再搬到菜地附近。

百里香

能密集生长，并向四周延伸；能压制野草，匍匐生长的类型可以取代草坪；开小花，受蜂喜爱；可作为佐料。春天撒籽或分根，在上面撒一些营养土或堆肥，以补充养分，并促进新根的生长。

薄荷

薄荷的品种繁多，香味各异，是多年生植物。它对温度的适应能力较强，喜阳光，喜肥沃潮湿的土壤。薄荷主要通过根状茎繁殖，一些品种扩散能力很强，一旦失去控制就变成野草，而且很难清除。在自然田园中，可作为草本层。根据香味不同，可作多种食品的香料或者直接食用，如越南米粉需要和越南薄荷一起吃。

宜与洋白菜和番茄一起种植。

大蒜

喜排水好且肥沃的土壤。茎（蒜苗）和叶可食，但味道比蒜头略淡。开蓝色团成球状的花，能吸引益虫，其气味有一定的驱虫功能，在自然田园中常种在园床四周。和葱、大葱一样，它们种在隆起园床的周边能起到稳定土壤的作用。

一般是秋种，第二年夏收；如果蒜瓣已发芽，随时可以播种。在温暖地区，种植前将蒜瓣放在冰箱内冻两三个星期（春化作用）后再下种。播种时，蒜瓣的顶部要与土壤表面一样高，入土过深易只长叶不长根。

蒿属

包括苦蒿（wormwood）和龙蒿（tarragon），喜阳光，生长范围广。苦蒿是多年生草木，有银灰色的叶子，在自然田园中常用来驱散害虫。龙蒿是多年生草本，常用作佐料，特别出名的是法国龙蒿。苦蒿用扦插繁殖，龙蒿用分根繁殖。

苦蒿（wormwood）

火箭菜

也称芝麻菜，作为色拉菜食用，味略苦但很香。自撒籽能力很强，控制不好有可能成为野草；植株变老后，虽依然可食，但味道变得更苦。花小而密，能吸引蜜蜂。

茴香

多年生草本，常作一、二年生栽培；气味很浓，叶绿，但也有古铜色叶子的品种，装饰性很强；常在潮湿的洼地归化成野草。在春秋季节的晴天播种，如果为了食用，可以加覆盖防止根和茎变老。和莳萝一样，如疏于管理，容易长成野草。

姜

世界多地均有生姜，以南亚的为好。姜喜肥沃土壤，虽然需要较多的水分，但土壤必须有良好的排水性，所以种在抬升的园床上为宜；喜热，抗霜冻能力弱；喜欢有部分阳光遮挡，故可以作为次生植物，种在乔木或灌木下，但忌过度荫蔽。繁殖时，将出芽的姜块切下，晾干以防感染，埋入土中 5 ~ 10 厘米。大约 8 个月后，叶子变黄时可收获。没有挖出来的留在地里继续繁殖，但是如果太过潮湿，会使生姜变软，然后腐烂、消失。生姜的花很美，也适合盆栽。

芥菜

一年生草本，品种很多，生长快且茂盛，能有效压制野草。芥菜在潮湿沃土全阳光下生长得最好，但是也能在其他条件下生长。大片种植的芥菜在开花时状若油菜花，微矮一些，在成熟时籽大片往下落。白色和黑色的籽粒是做芥末酱的原料。大叶品种的叶子可鲜食或腌渍，也可作为绿肥植物种植。

韭菜

像葱一样成丛生长，喜阳也耐半阴，可以种在树下作为香草层，喜潮湿肥沃的土壤。经冬不落叶，花型如浅紫色绒球，有装饰性。韭菜每年可以收割若干茬；由种子开始种植或采用分根繁殖。

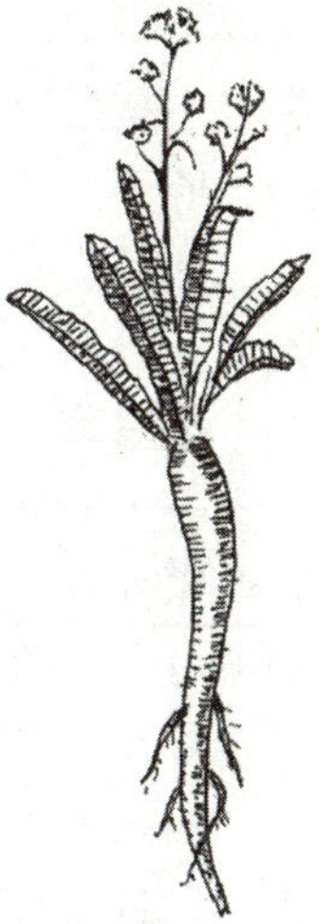

辣根(horseradish)

辣根

多年生块根植物，喜凉、耐旱、忌湿，扩散能力强，若不加以管理，会遍地生长；适合在冬天以种根种植，不能抵御重度霜冻，但在春天会重新抽芽。根通常用于制作辣根酱，对感冒发烧者有减少黏液的作用。在开放的地方及树下均可种植，种在土豆旁对减少因真菌感染的疾病有帮助。

琉璃苣

一年生草本，喜全阳光，一旦长成，就会自行撒籽生长，能长到一米左右高，花五瓣，常为蓝色，非常瞩目。花和叶可药用，也可食用，但在自然田园中，它最主要的作用是吸引蜜蜂，也是堆肥和覆盖的理想材料，宜与番茄、南瓜和草莓种在一起。籽粒繁殖，籽的皮硬且厚，需用温水浸泡一两天。

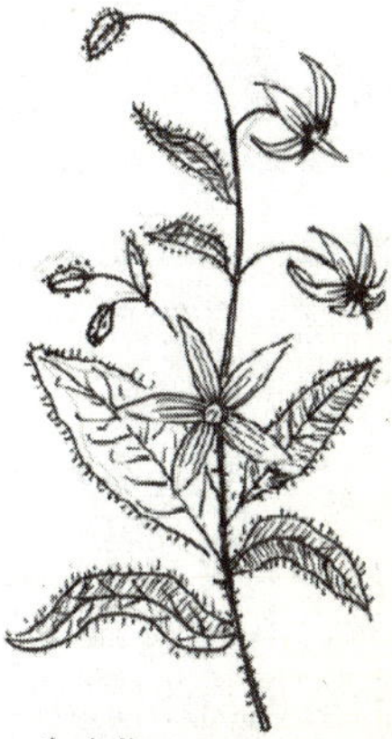

琉璃苣（borage）

罗勒

又叫九层塔，在东南亚烹饪中用得较多。喜阳，不耐寒，在炎热和干燥的环境下生长得最好，遇霜冻死。宜在室内盆中种植，春夏季由种子繁殖。

芦荟

形状如仙人掌，边缘带刺，没有浓郁的香味，喜热喜阳光；从种子或切枝生长，基本无须照料。其汁可治烫伤，对消化系统也有帮助；有些品种有毒性，只有经过专门处理后才可食，有商业性的芦荟饮品。

迷迭香

常绿且有油脂光泽，喜暖，适应能力较强，能长成状如灌木，也适合盆栽，在菜园中可作为景观植物。花小但密，能吸引蜂。极易由扦插繁殖，可以成排种植来稳定斜坡，也是腌渍羊肉的常用佐料。

牛至属

包括牛至（oregano）和墨角兰（marjoram），多年生半灌木或草本，与薄荷相近，耐阴，但不太耐霜，密集生长时能呈地毯状。牛至属植物味道很浓，其中牛至更是强烈，常用作佐料。常由分根、种子或扦插来繁殖，不太需要照料。

莳萝

叶子茂盛，成羽毛状，开黄花，味道浓郁，有助于婴幼儿消化。萌萝扩散能力强，不加以控制会长成野草。常在温暖季节撒籽种植。

鼠尾草

一年生草本，环境适应能力强，喜全阳光或半遮阴；密集生长能压制野草。春季撒籽或冬季扦插。有少数种类可作烹饪的佐料或水果沙拉的调料。常见的品种不可食，适合地中海类型的花坛或茶园。

香芹

西餐常用的佐料香草，喜阴，喜潮湿，土壤要有一定的肥力。任其开花的条件下，自撒籽能力较强，常能抑制野草，可以作为有浓荫的树下草本层。

可与芦笋、番茄和香韭一起种植。

西洋蓍草

多年生草本，叶子如蕨类，花小，密集组合成伞形；耐旱，喜光，也耐部分阴；有药用价值，但在自然田园中主要作用是吸引蜜蜂；扩散能力强，需要防止失去控制成为野草。自然界分布在草原和小树林，也是路边常见的野草。

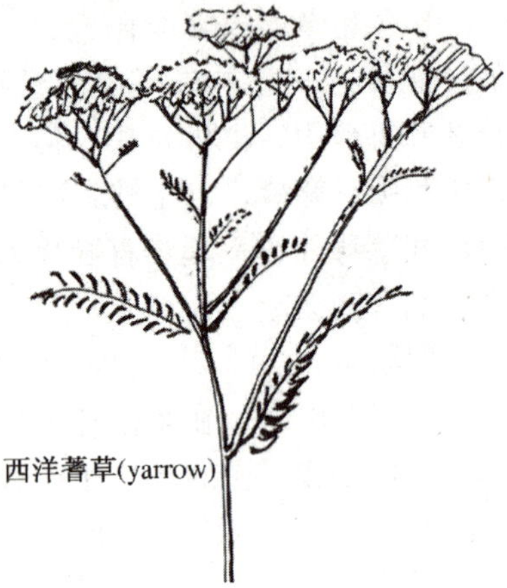

西洋蓍草(yarrow)

芫荽（香菜）

形如香芹，喜稍干一点的土壤，喜全阳光；其花对益虫有益，叶、根和籽都可食，籽有助消化作用。从春天到初夏撒籽，发芽所需时间较长。如果香菜多籽但不怎么长叶，可能采用了专为产籽培养的品种；如果阳光非常强烈，可以种在稀疏的树荫下。

薰衣草

品种多，喜全阳光，喜排水良好的土壤，不需要浇很多水，花可食用。可用种子播种或者扦插繁殖，适合道边与玫瑰种在一起，也可为花园和室内植物驱虫；或种在盆里，然后放到菜地里，起驱虫作用。如果老枝太长太散，可以剪去，随后会有大量新枝密集长出。

洋甘菊

一年生或多年生草本，喜阳光，喜沃土，容易被野草遮蔽，所以要在它的周围及时清理出一片空隙；叶片呈鹅黄色至绿色，花为白色或黄色。低矮的品种向四周延伸生长，可以作地被植物或代替草坪。

香味好闻，似有甜味，添加在茶中，有提神醒脑、镇静镇痛和帮助消化等功能；也有增加灰发光泽的功效。

在春天播种或分根繁殖。

紫草

多年生草本，喜湿润的土壤，可以作为土壤湿度的指示植物。在肥沃的土壤中生长得更好，可以长到一米左右高。冬天叶子枯萎，但春天会长出新叶。根深，能将渗流到土壤深部的养分带上来，所以它的叶子富含养分，是覆盖和堆肥的上等材料，也可作为食物林中伴生种植的草本层。

繁殖可通过分根或扦插。根会扩展，而且一旦扩散就很难控制，但是这需要很长的时间，因此在扩散前要及时处理。

四、果树

果树是指果实可食的树木，大部分为乔木或者小乔木兼灌木，也有的为灌木如枸杞，半灌木藤条如红莓，藤本果树如猕猴桃（奇异果）、葡萄，极少数为草本如香蕉、草莓。从实用观点出发，所有果树，除了草本的香蕉、草莓，藤本的葡萄、某些品种的猕猴桃、红莓（半灌木藤条）外，几乎都可以从籽粒开始种植，而且大部分情况下它们同母本相同或者相当接近，这点与蔬菜类植物不太相同。然而，就像蔬菜需要轮种一样，当一棵果树因故被挖掘出来后，最好不要在原地种植相同果树，特别是桃树。

（一）乔灌木类

橙子

亚热带植物，但是如果在温带有很好的微环境，如种植在小树林中，也能结果；喜光喜温，在有斑驳遮阴的环境里，阳光好的先成熟，收获时间长。橙子品种很多，一般三到四年开始结果。像柠檬一样，橙树根系较浅，所以在冬天加厚覆盖（草屑加适量的鸡粪即可）是有效的方法。若氮肥过剩，则橙皮变厚，味道变淡，也不易储藏。树叶的颜色可指示养分的缺失：老叶呈浅黄，表明氮肥缺失；新叶呈浅黄，表明磷缺失；新叶呈现不均匀的黄色（在周边）和绿色（在中间部分及叶脉处），则表示缺铁，缺镁，或缺锰。缺氮或磷可以加鸡粪解决，而缺铁、锰、镁则需要加岩粉、微量元素添加剂，或者高质量的覆盖物，如紫草。土壤碱性太强也会引起微量元素的缺乏，可以通过增加酸性覆盖物（如松针或柏叶）来调节。

鳄梨

又叫牛油果，适合亚热带，喜暖，但不喜高温和热风，比较耐旱。如果有很好的微环境，如生长在背风的有防护的树林里，温带也可以生长，并会结少量果。它们鲜有害虫困扰，特别是厚皮品种可防果蝇。成年树能长得很高大，但可以通过整枝控制，或者将它们靠近种植，一来防止长得过大，二来增加交叉授粉的机会，提高产量。

鳄梨（avocado）

种植鳄梨树从核开始，可以先将核泡在水里，等到出芽再下种。每一次移植都要格外小心，尽量减少根系损伤。它们喜欢肥沃、湿润的深土，三到十年结果，在幼年时，最好有些树荫，要防霜冻，更要防寒风。疾病主要是烂根，采用苜蓿和合欢树的树皮（高单宁酸含量）覆盖有防护作用。

鳄梨含糖量低，虽为水果，也用于制作菜肴，是健康食品。

菲油果（feijoa）

菲油果（费约果）

小型常青树，原产中南美洲。耐热、耐轻霜且耐旱，喜光，也能耐部分阴；生长慢，三到十年结果，果实营养丰富。种植两棵以上交叉授粉，结果较大。它们不需要太多的管理，在食物林中可以作为次层周边植物（需种在朝阳一侧）；也可以种植并修剪成树篱，但如果常有大风，会影响收获。

易由扦插繁殖，取枝条的顶端，剪下后马上使用。

枸杞

落叶灌木，喜光，但能耐部分阴，耐寒，耐旱，喜微碱性砂质土壤，在开花结果期间需要湿润的土壤。

成年树木高达两米，在幼苗期间会较早落叶。

易由扦插繁殖，二到三年开始结果。

梨

落叶乔木或灌木，生长比苹果慢，三到四年开花；喜厚土，既耐潮湿又耐干旱，大多数品种能抗霜；需要交叉授粉。可长成大树，如果不想它们长得高大，可以将两棵树靠近种植。不要施太多的肥料，只需用草屑覆盖，每年撒一点骨血粉就足够了，过多的施肥反而容易得病。虫害主要有果蝇和苹果蠹蛾。火疫病是梨树的主要病害，一旦发现，需要将受害部分剪掉并销毁。

栗子

喜湿润的厚土，在比较冷的冬季才能结果。栗子能长成大树，但是也能容忍大幅整枝，从苗生长到结果需要十年。植株比较壮实，枝叶繁茂，是小树林中种植先锋植物的良好选择，可为其他植物建立微环境。

木瓜

木瓜原产于比较寒冷的北美地区，果实比较小。现生长在亚热带的木瓜质量最好，再加上它看上去形同热带果树，所以容易被认为是亚热带的植物。木瓜喜长时间的日照，但也能耐半阴；喜微酸性、排水良好的土壤，否则容易烂根。木瓜种植一到三年即开始结果，木瓜树大都是雌雄异株，在亚热带有雌雄同株的植物，但是结果数量少，品质差。

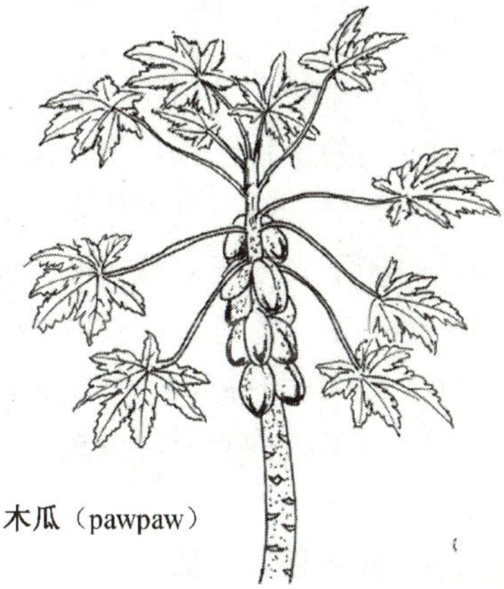

木瓜（pawpaw）

柠檬

柠檬有三个最主要的品种，北京柠檬（Meyer）、尤力克（Eureka）和里斯本（Lisbon），其中，北京柠檬源于中国，比较甜，是和橘子杂交的产物。柠檬是亚热带的特征植物，一般认为，北京柠檬最能抗霜，且个小，宜盆栽。

柠檬喜湿润的土壤，从种子开始种植，生长得较快；根很浅，对养分需求较大，可以采用厚厚的覆盖，但不要让覆盖物和树干接触。柠檬可以整枝。

柠檬一般不作为水果直接食用，而是作为饮料和烹饪的添加剂或调料（与醋相似，去腥），用处广泛但用量不大。柠檬可以挂在树上很长的时间，所以家庭庭院有一到两棵柠檬树就够了，可种在屋旁，便于随用随取。

枇杷

常绿小乔本，适应气候范围较广，对湿度适应性也很强。如果从种子开始种植，那么结果的时间不定，所以多采用嫁接。花朵很漂亮，故常作为观赏植物种植。叶子和种子对人畜会有轻微毒性，所以不宜将鸡引入田园打扫枇杷落果。在幼苗期需加以管护，如防冻及加覆盖，一旦长大，就无须照料。大多可长至3～4米高，故可以作为次层植物，但是要保证有足够的阳光。

火疫病是主要问题。它会从树枝开始，逐渐使果实变黑，严重的会危害整棵树。一旦出现，应立刻将受影响的部分剪掉，密封销毁。

苹果

落叶乔木，喜温带气候。市面出售的大多是嫁接品种，目的是使它们更矮小，并且提高根的抗病抗虫能力。在自然田园中，如果空间足够大，想要种成食物林或者种成一排树篱，可以采用非嫁接的品种。早年需要施加较多的养分，春天采用覆盖，秋天加鸡粪。成年后不太需要追加养分，树下撒一些草屑，或者让鸡进来打扫落果，它们会撒下一些肥料。如果果树结果特别多，那就要相应增加养分。

苹果需要交叉授粉。苹果树底下可以种植能为授粉动物和益虫提供花蜜、花粉和食物的植物，以增加交叉授粉并控制苹果蠹蛾。

苹果树一般三到四年就开始结果，嫁接的只需两到三年。在苹果还没有完全成熟时摘下来便于贮藏。苹果有很多的品种，自然田园中可以挑选一些在不同季节成熟的苹果，延长收获时间。如果果蝇很多或者有苹果蠹蛾，需要考虑采用覆盖网，或者选择种植冬季生长的苹果。

有许多品种能耐部分树荫，所以苹果树是可以在小树林中种植的为数不多的主要果树之一。

山楂树和红果树

山楂树是落叶小桥木，分布范围很广，但以中国的品质为好，作为果树种植的也最多。山楂树开白花，结密密麻麻的红果，观赏价值高。尽管山楂（hawthorn）在很多地方也叫红果，但其实红果树（holly）是不同的属种。山楂树常种植在北方的农田边缘，是地表性的大树；而红果树多长在南方的山坡，相对较小，根浅而发达。山楂营养丰富，具有药用价值。

山楂树和红果树均由籽粒繁殖。

石榴

落叶小乔木或灌木，喜热和光，耐旱，适应气候范围广，基本不太需要照料，也无须整枝，是食物林的理想植物。石榴的果实很有特点，故也常作为装饰树木。在西方，石榴果实常用在烹饪和饮料中。有些品种是不结果的，在选择时要注意。

石榴由籽粒繁殖，或采用硬木扦插；也可将下部的枝条埋入地下，以便在生根后分离移植。

柿子

大乔木，生长地域广，但是生长速度比较慢，开花更迟，多为落叶树，但在炎热的地区是常青树，常见的有亚洲型和美洲型。原产于中国的柿子一般五年后开花，七年后结果；而原产于美国的，开花、结果需要更长的时间。嫁接的一般只需二到三年就能开花、结果。柿子树在晚春出叶，两周后开花，开花较晚，可避免霜冻；秋天果实成熟。亚洲的柿子树类型多，有的在没有完全成熟变软时味道涩，而有的在很脆时味道也很好。美洲的柿子树雌雄异株；亚洲的则因品种而异，有的只是花分雌雄，也有的雌雄同花。前一种情况下，需要雄花授粉或交叉授粉，后一种情况下，结的果实没有籽。柿子树通常是一大年一小年交替。果实在落叶后还能长久挂在树上，很美，所以适合种在比较醒目的地方，如屋前。

柿子树所需养分较多，可以用草屑覆盖，并撒一些骨血粉。病虫害相对较少。

桑树

落叶乔木或灌木，生长范围很广。一般二到五年结果，桑叶可以泡茶，具有清火作用，但不宜多用；果实叫桑葚，为桑树的果穗，可作为鲜果食用，味甜汁多。不同品种的果实数量和质量相差很大。桑树能长成大树，但可以通过整枝或修根（用铲将根切断）控制。桑树对于改善土壤有益处。

无花果

落叶小乔木，生长较快，喜潮湿的土壤，适应气候范围较广，但是需要防霜。一般二到三年开始结果，在全阳光下结果最多，在少许树荫下也能生长结果，所以也适合在小树林田园中种植；根浅，可以用草坪割下来的草进行覆盖。

易由扦插繁殖。

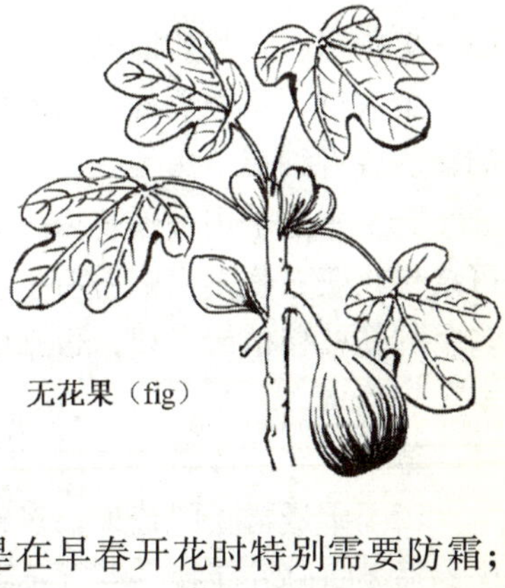

无花果（fig）

杏

落叶乔木，适合夏天热、冬天冷的气候，但是在早春开花时特别需要防霜；喜阳，开花时非常香；二到四年结果。杏树喜欢有机养分，但不能有太多的氮肥，否则果实更容易腐烂。覆盖可用堆肥或草屑，并定期让鸡进来打扫落果；在秋天，厚厚的覆盖会推迟开花时间，在霜情严重的地方可以采用这一方法。

杏树易招果蝇，而且果实易烂，在自然田园中属于比较难种的果树。果子腐烂呈褐色，应对的方法是将腐烂或过熟的果实及时摘除，并在冬天喷波尔多剂。

出果后，每周喷洒海藻溶液及春黄菊茶，帮助它们增强抵抗力。

尽量不要整枝，以防止细菌随着流胶而扩散。

樱桃

乔木，生长较慢，不需要整枝。三到四年才能结果，结果时间通常在比较冷的冬季。有不少品种能耐半阴，是有树林的坡地的理想果树。樱桃需要不同品种进行交叉授粉来提高产量，可以将它们靠近种植，以利于授粉及防鸟。无须覆盖，只需撒一点草屑和骨粉。一旦成熟，就不太需要浇水施肥。樱桃主要的害虫有鼻涕虫等；与李子相似，叶子比较容易感染真菌，引起霉斑病。

枣树

落叶小乔木，主要产在中国，故也称为中国枣树，有别于椰枣树。枣树喜光，对于其他条件要求不高，比较耐旱，能长到10米高，树枝长刺；根系十分发达，常有新株从中长出。果实营养丰富，含铁较高。繁殖以分株为主，二到四年开始结果；扦插成活率低。

（二）草本类

香蕉

香蕉是热带、亚热带大型草本植物，从根状茎发出，由叶鞘下部形成高3～6米的假杆。香蕉需要大量的水和养分供给，容易被风刮倒；果实小、糖分多的品种更耐寒。在自然田园中，适合种在水道旁，也可以成圈种植，方法是在地上挖一个大坑，将香蕉种在坑的周边，中间堆积植物的碎屑、木灰、厩肥等有养分的物质或者种植芋头等。

野生香蕉采用种子栽培，人工香蕉可用吸根和假鳞茎分株栽培。香蕉一年即可结果收获，收割完毕后需将整株砍伐掉，由根状茎长出的吸根可继续繁殖，将多余的新枝移植或砍掉，否则会长成一片香蕉林。香蕉的花也可食，但是处理起来比较费事。

草莓

田园中最常见的莓果，多年生草本，通常也在菜园中种植，并有专门的种植床，需要每隔几年换一茬。草莓喜欢富含有机物、略呈酸性的潮湿土壤，所以松针或木麻黄的针叶是理想的覆盖物，它们还能防止因果实与地面接触而腐烂，并减少叶子的斑点病。草莓能耐部分阴，在自然田园中，几乎可以种在任何地方。在冬季可以加一些骨粉或陈年鸡粪。在收获季节过后，可以用各种工具（包括割草机）来削减草莓，这样它们在下一季节（一般是晚春季节）还能再结一次果。用塑料薄膜搭起的小暖房可以延长草莓的收获时间。

如天气干旱，需要定期浇水，但草莓叶子上有水，容易得病，浇水时应注意。密集的草莓有一定的压制野草的能力，但如果过密，要及时疏减。如果需要防鸟，可以用网。

以分根繁殖为主，在秋季进行。

（三）藤本类

葡萄

品种很多，以适应不同温度和降雨等气候条件及用途（制酒或作为新鲜水果），但是大多数葡萄喜欢有冷季的冬天；喜光，喜肥沃且潮湿的土壤，但降雨过多会使果实含水太多。在自然田园中无须整枝，可以让它们攀爬到任何地方，如树上、棚架上、围栏上。葡萄主要的病害是叶子白粉病，若发生在幼苗时期会有严重的伤害，防治方法为用牛奶喷叶，加盖覆盖物以减缓病情的传播。葡萄也是鸟的最爱，可以让葡萄藤自行缠成一团，将部分葡萄隐藏起来。在比较“荒”的果园，可以种植大量葡萄作为周边植物，让它们爬到树的部分枝干上；最好是将葡萄种在朝阳的滴水线处，以便获得较多的雨水。有的品种不结果，只用于装饰，叶子在秋天变红，非常美丽。

葡萄主要以硬木扦插进行繁殖。

猕猴桃

原产中国，现在是新西兰的标志水果，因质量更好，所以又叫奇异果（kiwi fruit，kiwi 是新西兰特有的动物）。需要比较冷的冬天，喜全日光、肥沃且湿润的土壤；根浅，幼苗期间可以通过覆盖防止过热，在天气比较炎热的地方要防止下午太阳照射。冬天落叶，大多数品种是雌雄异株，但是出售的品种常将这两者嫁接在一起。猕猴桃有粗壮的藤，能长到三米长，因此需要牢固的支撑。常见猕猴桃树木长得非常茂盛，可就是不开花。为防止枝叶长得太茂盛，需要适当整枝（果实长在老枝上，整枝时应注意），整枝后要追一些肥。

猕猴桃土要在夏天由软木扦插繁殖。

西番莲

常绿藤本，喜阳光充足、温暖、潮湿的环境及肥沃的土壤。与猕猴桃相比，西番莲的藤要软得多，所以不需要很结实的支撑。它可以生长在任何围栏上，或顺坡、顺墙挂下来，每年可以通过整枝整去 1/3 左右。在开花时需要较多的水分才能结果，蓝白相间的花朵异常美

西番莲（passion fruit）

丽，不亚于神奇的兰花。如果是嫁接的品种，要注意其砧木的根会窜。

繁殖多采用扦插。

（四）半灌木藤条类

大部分莓果类植物也是藤本，枸杞其实也应属于莓果类。

红莓

红莓(raspberry)

广泛种植的一类莓果，半灌木藤条，藤有刺，根穿透性强，一旦蔓延较难清除，所以要事先设法限制。红莓喜潮湿的土壤，需要厚厚的覆盖，无野草烦忧。夏季或秋季结果，新藤结果比老藤好，所以在红莓收获后，需将整根藤从底部剪除，以避免老藤和新藤相混，或生长得过密。红莓需要一个较长的冷冻期。在初冬，将藤全部割除，并采用苜蓿覆盖，可以减少病虫害。在较暖的温带，只需要利用上午的阳光，要避免下午的阳光直射。

以分根繁殖为主。

黑莓（及类似莓果）

这类莓果是一些长钩刺的藤本或灌木植物（现在无刺的品种被不断培育出来），喜全日光，喜水分和养分适中的土壤。要防止因藤太壮太长而减少结果。像红莓一样，一旦结完莓果，就要立即从底部剪除藤条，所不同的是黑莓长在老藤上，秋冬结完莓果后，它们会枯萎，如不剪除，新的藤会缠绕上去。黑莓果子极不易保存，要趁新鲜吃，因为多数莓果有点酸，所以常放在冰淇淋或酸奶中。在自然田园中，适合种在围栏旁，但是需要不断地将新延伸的或新长出来的枝拴在围栏上；也可种植成为一道防止动物通行的屏障。

以分根繁殖为主。

蓝莓

和其他莓果不同，蓝莓是小乔木或灌木，有矮丛、半高丛和高丛之分，因主产于美国又被称为美国蓝莓。蓝莓喜酸性土壤，喜光，但是美洲蓝莓可以部分耐阴。现在培养的品种更丰富，并适合盆栽，二到三年就会开花。

蓝莓果实营养丰富，富含抗氧化物质，但不易储藏。

以扦插繁殖为主。

鹅莓

鹅莓又称醋栗，小型灌木，有黑色、红色和白色之分，所需环境与葡萄相近，但是适应更冷的气候，二到三年开花。鹅莓需要较高的氮肥和钾肥，不要剪枝，可以训练它们沿铁丝延伸。因藤有刺，所以适合作为有刺的篱笆。在秋季施肥并加覆盖。

一般采用扦插繁殖。

五、花卉

百子莲

又叫非洲莲，多年生宿根草本，非常强壮，适应各种环境条件。花茎很高很壮，花成团，白色或蓝色；根系密集生长，甚至长出地表，成排种植可形成一道坎，作为草的屏障；叶子的横截面呈圆弧形，是蜗牛栖息的好地方。在自然田园中不常和其他的花卉组合，而是作为景观植物，独立成行种植在边界。

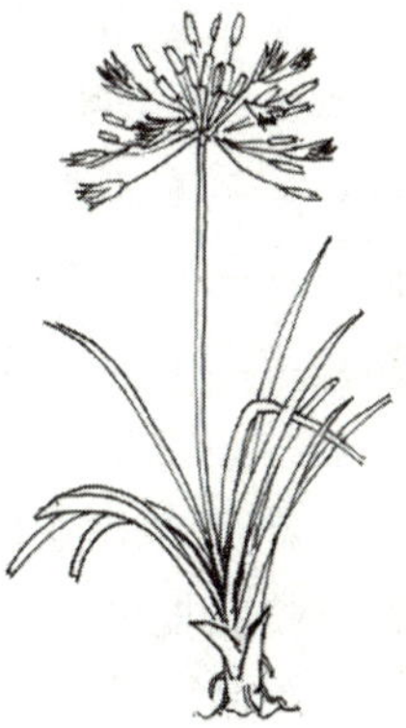

百子莲（agapanthus）

茶花

主要有山茶花和茶梅两大类，此外还有作为茶叶的茶树。在自然田园中茶梅更适合，因为它们更强壮、耐阴且耐阳，花蕊外露，更受蜂蝶的喜爱。

在自然田园中，茶花是半阴处主要的开花树木，它们还可作为树篱挡风。

雏菊

多年生草本，品种非常多，自然田园中常见黑心金光菊（深褐花蕊黄花瓣）、法国菊（黄蕊白花瓣）、紫锥花（褐红花蕊紫色花瓣，花瓣下垂）、金盏花（黄色、橙色）等。法国菊的叶子边缘呈锯齿状。它们喜阳光，都有开放的花瓣，开花时间长（夏—秋），深受授粉动物的喜爱。也有一些品种如紫锥花能耐涝，常呈地毯式出现。有的地方将过分蔓延的品种如黑心金光菊界定为野草。

在自然田园中，可以用它们来占领暂时不开发的土地，或种植在森林和草坪的边缘，或种于永久湿地上（紫锥花）。金盏花的根有排斥土壤线虫的作用，所以常种在菜园中。野菊花既有点缀作用，又为授粉蜂蝶提供大量食物，然而现代的培育品种往往将花蕊隐藏起来，所以对于授粉蜂蝶的吸引力减弱。

田园中可以分根繁殖。

大波斯菊

一年生或多年生草本植物，喜阳，也是西藏格桑花中的一种。花瓣开放如罂粟，但羽毛状的枝叶细致柔软如同茴香。自我繁殖能力强，常成群出现，高度可达0.3～2米。常种在花坛，并宜与其他较矮的花卉种在一起。

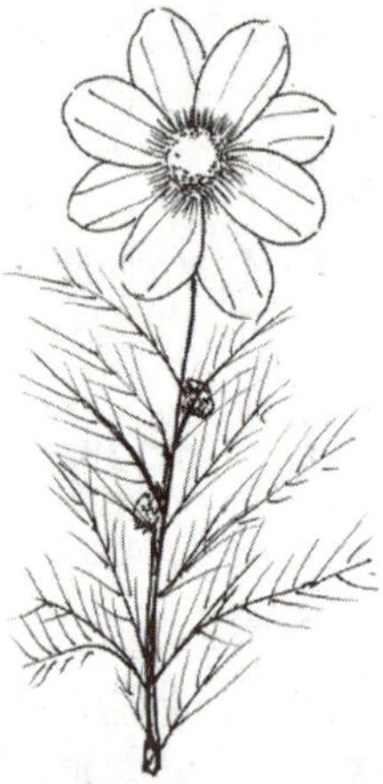

大波斯菊（cosmos bipinnatus）

在自然田园中，它们主要创造一种乡村的氛围，同时为授粉蜂蝶提供花蜜、花粉。

大丽花

多年生草本，有巨大棒状块根，生长范围很广，原产于墨西哥，但在我国以北方种植最为出名。大丽花喜阳、喜湿但怕涝，也怕霜冻（幸好霜冻季节，它们往往已经休眠）。冬天枯萎，春季发新枝。花瓣大，花色品种多，加上非常容易繁殖和生长，所以常作为观赏性的花卉。由于是草本，比较怕风，固常种在避风处，如背靠朝阳的墙、篱笆边或盆栽。易由分根繁殖。

在自然田园中，常选那些花蕊暴露的品种，以便为授粉蜂蝶提供食物。大丽花的块状根可食，而且有医用价值。

旱金莲

一年生或多年生（有管状地下根）藤本植物，开深色花，花可入药，嫩茎可食；繁殖由籽粒开始，有自撒籽能力。

在自然田园中，它们对菜蝶的幼虫有驱逐作用，但常作为牺牲植物来吸引害虫，从而保护其他植物免受虫害。为此，需要定期检查旱金莲受攻击的状况，及时清除，从而防止虫卵孵化。

筋骨草

匍匐型的地被植物，耐阴喜潮湿。筋骨草与紫罗兰相似，但是更强壮，延伸得更快，叶子厚实茂密且对野草有压制作用，所以是很好的地被植物。春天开深蓝色的花，叶子呈褐色，花成团直立，是授粉蜂蝶的主要食用植物之一。

金合欢

小乔木或灌木，喜光，耐旱，现品种繁多，平行叶脉，花形各异，但是大多数呈黄色。原产于澳大利亚，是其国花，现世界各地都有种植，中国主要在长江以南一带种植。常由籽粒开始繁殖。根对于损伤极其敏感，所以在移植时须格外小心。

在自然田园中，主要种在果树林中。金合欢具有固氮能力强、生长较快的特点，可用来改善土壤，并建立微气候环境。金合欢的树皮含单宁酸，作为覆盖或加入堆肥时，有防止植物烂根的功能，所以是覆盖物的优良材料。树叶富含氮，但是需要放置一段时间后才能用于覆盖。

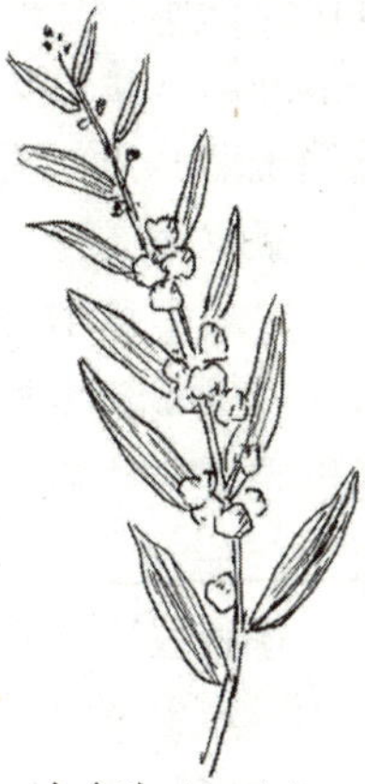
金合欢（acacia）

金银花

又叫忍冬藤，是多年生灌木，花色为黄色和白色交替，故名金银花。金银花生长能力超强，且根会延伸，能攀缘到任何植物上，一旦失控，极难清除。不过，它们在坡地上能起到保持土壤的作用。

金银花香气浓郁，具有清热解毒的作用，也可泡茶。

蓝花楹

落叶乔木，能长到约二十米高，适合在较暖的气候带生长。开蓝色花，春天开花时，满树皆蓝，相当于暖亚热带的蓝色樱花，很受蜂蝶喜爱。

在自然田园中可以作为标志性的景观树，或种在路旁、田头。

柳叶马鞭草

多年生草本，也会自行撒籽生长，能长到1.5米高；喜阳，适合在边缘或空地上密集种植。初夏开始开花，直到深秋，是很好的吸引缘粉蜂蝶的植物。

在自然田园中种植可创造比较自然的氛围。

洋地黄

别名毛地黄，越年生草本，通常第一年只长茎，次年才开花。直立的茎上长着一串喇叭形的花，非常有特点，各种花色都有，对授粉蜂蝶有较大的吸引力，是农舍型花园的常见植物，也是传统的草药。

毛地黄（foxglove）

玫瑰

玫瑰是花中的皇后，品种多，花期长。原产于中国，蔷薇属灌木，需要全阳光。现代培育的品种通常在冬天需要大幅度整枝。玫瑰的常见问题是叶子黑斑和蚜虫，加覆盖及与薰衣草种植在一起有助于减少病虫害。牛粪或马粪是比较好的肥料。

在自然田园中，更适合种植爬藤的玫瑰。它们不太需要管理（包括整枝），且比较健康。它们常常有开放的花蕊，为授粉蜂蝶提供花蜜、花粉。将它们种在拱形的门（也称为玫瑰门）旁，可形成花门；或让它们长在各种边界（如围栏或挡土墙）上，它们的刺能有效阻止人或动物通行。

鼠尾草

一年生草本，有许多品种，包括作为烹饪调料的香草。有的品种在冬季枯萎，春季重新生长；有的叶片不枯萎。常见的花色为紫色或白色，可为授粉蜂蝶提供花蜜、花粉。现在越来越多的杂色品种被培育出来，是农舍型花园的常用植物。

香豌豆

一年生草本，但会自行撒籽生长，早春开花；喜阳光，喜微碱性土壤，适合较冷的气候带。需要支撑，适合种在围栏旁，或者用三个杆搭成金字塔形状。豆子不可食，对人或动物都有毒。

在自然田园中可增添乡土的色彩，并散发浓郁的香味。

香雪球

多年生草本，会自行撒籽生长；喜部分阴，比较适合种在树下或充填空隙。大多开白花或紫色花，花很小，但仍对授粉蜂蝶有一定的吸引力。一般只长20厘米高，是常见的地被植物。

绣球花

多年生灌木，适合在较阴的地方生长，花聚集成半球状，形如绣球，故得此名。花色有白、蓝或浅红，土壤的酸碱性会影响花色，土壤酸性使花色偏蓝，土壤碱性使花色偏红。开花时间较长，或春秋两季开花，可为授粉蜂蝶提供花蜜、花粉。

叶子和花团较软较大，颜色较浅，故是农舍花园的常用植物。因为长得较高也能耐阴，故常置于后排，或者种植在较阴之处。

萱草

又叫金针或黄花菜，多年生宿根草本。原产于东亚，现有大量的培育品种。其花颜色多，以粉（紫）-红-黄系列为特征，大部分品种的花朵只开一天，在第二天有新的花朵开放，所以花期较短，仅为一到两周。萱草生长范围极广，适应阴处，且无须照料，加上花朵大而艳丽，所以在自然田园中，适合点缀在花坛中以增加对比，或在比较阴凉且偏僻的地方增添光亮和色彩。

花可食，是高档食材。

洋水仙

旱地水仙，球茎植物，冬天落叶。花主要有黄、白两色。在自然田园中，适合种在树下，特别是观赏性的树木下层。冬天，当洋水仙休眠时，可以铺上覆盖物，为土壤保暖；春天，将覆盖物扒开，便于地温快速上升，而洋水仙也出土取代覆盖物。在更冷的地方，可以用郁金香来代替洋水仙。

醉鱼草

小型灌木，喜光，花朵很小，但聚合成团。常见花色有紫色和白色。英文俗称蝴蝶灌木，对授粉的蝴蝶和蜂有很大的吸引力。

醉鱼草(buddleja)

紫罗兰

二年生或多年生草本，匍匐性的地被植物，根能延伸扩展，耐阴喜潮湿，适合在树下成片种植，或由它们繁殖成为草坪。花可食，开紫色或蓝色的花，有的品种有医用价值。

紫藤

多年生藤本植物，喜阳，能生长得十分茂盛，花有紫、白两色，花团密集而下垂，也是授粉蜂蝶的最爱。春季开花，开花后期开始长叶，秋天落叶。宜种在棚架上，在热季提供遮阴，而在冷季则不遮挡阳光。

在自然田园中，是棚架、凉亭、屋檐的首选植物之一，能创造很浓的乡土气氛，并且起到理想的微气候调节作用。

后 记

写到这里，我坐在后院的台阶上，望着我的田园，有的植物已死，有的正在冬眠，有的刚刚出芽，有的正生机勃勃，便忽然想到一句哲言：“常无，欲以观其妙；常有，欲以观其徼。”在植物还没有生长的时候，我们更容易观察自然的奥秘，而收获时，正是检验方法效率的时候。

千百年来，人们看到的更多的是自然界的相互竞争，如植物之间争夺阳光、水分、养分和空间，虫、兽、鸟和人类争夺食物，而往往忽视它们之间的相互依存。其实正是这些既竞争又合作的复杂关系，才使得人类赖以生存的环境得以生存和发展。如果看到野草就恨，看到虫子就气，那么自然田园可能不是你想要的。

园艺是和大自然的“手谈”（围棋术语，即用手对话）。每当我在田园忙完一些事，都会停下来等待自然的回复。有的马上就有回复，有的则要等待良久。我想这也许是大自然在给我们时间，先让我们自己去想一想吧。

躬耕南瀛频舒腰，间种菊花亦逍遥。天道寻迹阡陌路，地气透衣下青苗。

阿尔附近田野中的耕者（凡·高作品）

注：大自然为我们的祖先和子孙后代的生息繁衍提供了许多，我们要做的只有精心呵护，并善加利用。

松树下的蒲公英（凡·高作品）

注：一般认为在松树下其他植物很难生长，但这幅画颠覆了这种观点。蒲公英在大部分地方被认为是野草，其实蒲公英是可食的，而且它的深根能很有效地将土壤深处的养分带至地表。